资助项目：

国家科学技术学术著作出版基金；

国家重点基础研究发展计划课题"气候灾害的区域脆弱

国家自然科学基金"气象灾害风险分担和转移的机制

国家科技支撑计划"IPCC第五次评估对我国应对气候

中国气象局气象小型建设项目"山洪地质灾害防治气象保障工程"。

China Climate Change Impact Report：Yangtze River Delta Area

长江三角洲气候变化影响评估报告

姜　彤　王艳君　王国杰　张增信　翟建青　主编

气象出版社
China Meteorological Press

内容简介

本书由中国气象局国家气候中心组织几十位在长江三角洲地区多年从事气候变化影响评估研究的专家,经过大量数据搜集与整理、文献归纳与总结,依据现有成果编纂而成。地处长江入海口的长江三角洲地区,是我国经济最发达地区之一,人口和经济产业密集,研究气候变化对长江三角洲的影响,有助于深入认识该地区气候变化事实和特点,对地区积极适应和减缓气候变化,保障区域社会经济可持续发展具有重要的科学意义。

全书共分八章,在分析长江三角洲气候变化事实和特点的基础上,分析气候变化对区域内水资源、农业、自然生态系统、社会经济、人体健康、城市发展等方面的影响,并提出了长江三角洲应对气候变化减缓对策。本书是我国关于流域气候变化研究系列评估报告中的一本。

本书可供中央各部委和流域机构以及地方政府决策参考,亦可作为天气气候、水文水资源、生态与环境、社会经济等领域的科研人员和有关大专院校师生的参考书目。

图书在版编目(CIP)数据

长江三角洲气候变化影响评估报告 / 姜彤等主编
— 北京：气象出版社,2019.9
（流域/区域气候变化影响评估报告丛书）
ISBN 978-7-5029-7048-2

Ⅰ.①长… Ⅱ.①姜… Ⅲ.①长江三角洲-气候变化
-气候影响-评估-研究报告 Ⅳ.①P468.25

中国版本图书馆 CIP 数据核字(2019)第 206463 号

Changjiang Sanjiaozhou Qihou Bianhua Yingxiang Pinggu Baogao

长江三角洲气候变化影响评估报告

姜　彤　王艳君　王国杰　张增信　翟建青　主编

出版发行：气象出版社				
地　　址：北京市海淀区中关村南大街 46 号			邮政编码：100081	
电　　话：010-68407112(总编室)　010-68408042(发行部)				
网　　址：http://www.qxcbs.com			E-mail：qxcbs@cma.gov.cn	
责任编辑：张锐锐　丁问微　王祥国			终　　审：吴晓鹏	
责任校对：王丽梅			责任技编：赵相宁	
封面设计：博雅思企划				
印　　刷：三河市百盛印装有限公司				
开　　本：787 mm×1092 mm　1/16			印　　张：12.25	
字　　数：290 千字				
版　　次：2019 年 9 月第 1 版			印　　次：2019 年 9 月第 1 次印刷	
定　　价：58.00 元				

本书如存在文字不清、漏印以及缺页、倒页、脱页等,请与本社发行部联系调换。

序言

　　科学研究表明,当前全球气候正经历一次以变暖为主要特征的显著变化。政府间气候变化专门委员会(IPCC)2013 年公布的第五次评估报告(AR5)指出,从 1880 年到 2012 年,全球平均地表气温升高了 0.85 ℃,这是由于人类活动所排放温室气体产生的增温效应造成的,预计到 21 世纪末全球平均气温在 1986—2005 年的基础上将升高 0.3～4.8 ℃。由气候变暖引起的一系列气候和环境问题日益突出,将对农业(含林业)、水资源、自然生态系统(草原、湖泊湿地、冰川和冻土)、人类健康和社会经济等产生重大影响,甚至给人类社会带来灾难性后果,已经成为全球可持续发展面临的最严峻挑战之一。因此,人类社会应积极应对气候变化并采取措施减缓气候变化带来的负面效应。

　　我国幅员辽阔,生态环境脆弱,气候变化对不同地区的生态系统将产生不同的影响。我国不同的区域对气候变化的响应不同,敏感度和适应能力也不同,是遭受气候变化不利影响最为严重的国家之一。妥善应对气候变化,事关我国经济社会发展全局和人民群众切身利益,事关国家根本利益。2008 年 6 月,中共中央政治局将第 6 次集体学习内容定为"全球气候变化和我国加强应对气候变化能力建设",胡锦涛总书记强调,必须以对中华民族和全人类长远发展高度负责的精神,充分认识应对气候变化的重要性和紧迫性,坚定不移地走可持续发展道路,采取更加有力的政策措施,全面加强应对气候变化能力建设,为我国和全球可持续发展事业进行不懈努力。他还在讲话中指出,我国正处于全面建设小康社会的关键时期,同时也处于工业化、城镇化加快发展的重要阶段,发展经济和改善民生的任务十分繁重,应对气候变化的任务也十分艰巨,并要求加强气候变化综合影响评估,在经济建设和城乡建设中高度重视气候评价和灾害风险评估，夯实应对气候变化及其风险的工程基础。为了贯彻落实胡锦涛总书记的重要讲话精神，科学技术部、中国气象局、中国科学院等牵头编写了《气候变化国家评估报告》，同时，《中国气候与环境演变：2012》等一系列重要的气候变化科学报告也编制完成，而《气候变化国家评估报告》《中国应对气候变化国家方案》等方案的发布和实施，有力地推动了气候变化影响的研究和评估工作。中国气象局于2008年成立了气候变化中心，强化气候变化决策和公共服务职能，并重点加强在区域温室气体监测、气候系统基础数据分析处理、极端天气气候事件分析和气候系统模式研发，以及农业、水资源等关键领域气候变化影响评估、决策咨询服务等方面的工作。在地方层面，为了给地方政府应对气候变化方案提供科学支撑，同时为地方政府把气候变化纳入区域发展规划提供科学支撑，中国气象局气候变化中心在全国范围组织了"流域/区域气候变化影响评估系列报告"的编写，在不同的气候变化响应的区域和流域，探索研究中国的气候变化及其影响所具有的区域特征，以及气候变化对自然和社会经济系统的影响、脆弱性和适应性；发展区域尺度上气候变化影响评估的理论、方法和技术。

《流域/区域气候变化影响评估报告》系列丛书的出版，适逢 IPCC 第五次评估报告正式发布。该丛书中富有区域特色的气候变化影响事实与适应对策论述，已为全球尺度的气候变化影响评估工作提供有益参考。这项研究成果的出版，得益于 2009 年中国气象局气候变化专项等项目的特别资助，同时还要感谢参加编写的所有作者和参与此项工作的评审专家和相关工作人员。

郑国光

前　言

　　人类赖以生存的地球是一个极其复杂的系统,气候系统是该系统的重要组成部分。在地球的漫长演变历史中,气候总在不断地变化。太阳辐射的变化、火山活动、大气与海洋环流的变化等是造成全球气候变化的自然因素;而人类活动,尤其是工业革命以来,大量的化石燃料燃烧释放的二氧化碳等温室气体是造成以全球变暖为主要特征的气候变化的主要原因。联合国政府间气候变化专门委员会(IPCC)于2014年发布的第五次评估报告指出,20世纪中期以来的气候变暖极有可能(可能性在95％以上)是由人类活动产生的。气候变化对我们赖以生存的生态环境及社会经济、人民生活产生了日益深远的影响,因而,气候变化问题成为21世纪世界各国可持续发展过程中不得不面临的重大问题。

　　最新的研究表明,近年来全球变暖的趋势正逐步加快,气候异常变化的证据不断增多,如南北极和格陵兰冰川正在加速融化,北冰洋海冰也正在加速退缩,动植物的生活习性、季节性规律以及种群的自然地理分布等皆由于全球变暖而产生了相应的调整变化等。与此同时,极端气候事件的频率和强度及其造成的经济损失也呈现显著上升的趋势。

　　人类在现代化发展过程中对气候系统的影响往往是巨大而且不可逆转的。面对气候变化的挑战,经过国际社会20多年的努力,人们对气候变化的影响、脆弱性和适应性的研究已经取得了较大进展,其中,以IPCC为代表的系列评估报告对气候变化观测到的事实、影响、脆弱性以及适应和减缓对策等做出了重大贡献,为国际社会应对气候变化提供了决策参考。许多国家,如美国、加拿大、英国,以及国际组织如世界银行、亚洲开发银行、非洲发展银行等,相继完成各自及区域的气候变化影响评估报告,中国于2007年发布了《气候变化国家评估报告》,又于2011年发布了《第二次气候变化国家评估报告》,2015年出版《第三次气候变化国家评估报告》。但中外关于区域和流域尺度上的气候变化的研究缺乏系统的集成和总结。

　　2008年,胡锦涛总书记在中共中央政治局就气候变化问题进行的集体学习中指出:

要大力增强适应气候变化能力,加强对气候变化综合影响评估。有鉴于此,中国气象局国家气候中心联合相关单位对中国 8 个不同气候敏感区/流域的气候变化的影响进行了综合评估,从而为各区/流域应对气候变化影响提供了重要的科学依据。本报告是以长江三角洲为案例开展的区域气候变化影响评估。

人类活动可以影响气候变化,气候变化反过来也可以影响人类社会的发展,在地球系统中它们相互影响、相互依存。长江三角洲地区是中国经济最发达、城市最集中、人口最密集的地区,尤其是 20 世纪 80 年代以来,工业化、城市化进程明显加快。城市化程度之高、人类活动之剧烈是该地区最鲜明的特色。

气候变化对长江三角洲带来诸多影响,气候变暖导致海平面升高将影响长江三角洲海岸带和海洋生态系统。近 50 年来,中国海平面呈明显上升趋势,平均上升速率为 2.6 mm/a,近几年上升速度加快。上海由于大量地下水抽取和高层建筑群的建设导致的地面沉降,相对海平面上升幅度还要增大,使得目前上海防洪(潮)标准大幅度降低。其结果会导致长江三角洲海岸区遭受风暴影响的机会增多、程度加重;沿海滩涂湿地、珊瑚礁等生态群减少或丧失;海水入侵沿海地下淡水层;沿海土地盐渍化;海岸、河口自然生态环境失衡等问题。同时,全球气候变暖及长江三角洲城市群附加的城市热岛效应,使得与之有关的一些极端气候事件,如暴雨、高温热浪、干旱的发生频率和强度可能会增大,这意味着经济发达的长江三角洲地区抗灾、减灾所需付出的代价相应增大。气候变暖和极端高温热浪天气事件的出现,一方面加剧了电力供给紧张的状况、对人体健康的影响;另一方面也对长江三角洲生态系统的物种多样性,物种品质等都带来明显影响,自然植被的地理分布也会发生明显的变化。此外,气候变化还将增大对气候变化敏感的传染性疾病传播可能性增大,引起新传染病的不断产生和传统传染病的死灰复燃,长江三角洲地区是中国人口密度最大的地区,客观上为传染病传播流行提供了必要条件,大大增大了传染病大流行的危险性,增大了公共卫生系统的压力。

因而,综合评估长江三角洲气候变化影响以及提出相应的适应对策是一项重要的工作。该研究侧重于长江三角洲气候变化及其对社会和经济影响及未来情景预估,特别加强适应与减缓气候变化影响的研究、及时采取适应气候变化的措施,以减少气候变化带来的不利影响;加强经济型社会发展模式和相关技术的研究与应用;在进行城市的规划建设时,应注重气候环境可行性的分析评价工作;走科学、和谐、可持续的发展道路。

除了气候系统的自然变率外,长江三角洲工业化、城镇化进程加快,加剧了城市气温的升高,使城市热岛效应更加明显,同时又使城市的日照时数显著减少,而这些气候环境条件的变化又对社会以及生态环境产生多方面的影响。研究表明,过去 60 年来,长江三角洲城市地区气温在升高,特别是 20 世纪 80 年代中期以来升温趋势更加明显。城市化进程的加快,加剧了城市气温的上升,导致市区高温、暴雨出现日数明显比郊区多,日照时数、低温出现日数比郊区明显少。

本书是由中国气象局国家气候中心组织 20 余位在长江三角洲地区研究中具有丰富

理论和实践经验的专家,经过大量资料收集、总结归纳现有成果撰写而成,报告完全依据现有成果据实编写。全书不拘泥于统一的时空划定,其目的在于阐述长江三角洲气候变化的事实以及影响,并因地制宜地提出适应与减缓对策,为全球气候变化背景下,长江三角洲社会经济的可持续发展提供理论依据和科技支撑。本书亦为中国第一本关于长江三角洲区域尺度的气候变化脆弱性和适应性研究成果。

全书由中国气象局国家气候中心姜彤研究员负责全面协调,并经多次集体讨论定稿。全书共分八章,内容涉及长江三角洲的气候变化特点,气候变化对水资源、农业、自然生态系统、人体健康、社会经济等方面的影响,并提出了长江三角洲应对气候变化的适应与减缓对策。

各章编写分工如下:

前　　言　姜彤(国家气候中心,南京信息工程大学气象灾害预报预警与评估协同创新中心)　张增信(南京林业大学)　曾燕(江苏省气候中心)　王艳君(南京信息工程大学气象灾害预报预警与评估协同创新中心)

报告提要　张增信(南京林业大学)　刘波(河海大学)　黄金龙(南京信息工程大学)

第 一 章　谢志清　曾燕　王珂清(江苏省气候中心)　王腾飞　黄金龙(南京信息工程大学)　翟建青(国家气候中心,南京信息工程大学气象灾害预报预警与评估协同创新中心)

第 二 章　闻余华(江苏省水文水资源勘测局)　温姗姗　朱娴韵(南京信息工程大学)　王国杰(南京信息工程大学气象灾害预报预警与评估协同创新中心)

第 三 章　周曙东　朱红根　周文魁(南京农业大学)　高蓓(南京信息工程大学)

第 四 章　张增信　陆茜(南京林业大学)　孙赫敏(中国气象科学研究院)

第 五 章　吴先华(南京信息工程大学)　张伟新(中共江苏省委政策研究室)　佘之祥(中国科学院南京分院)

第 六 章　许遐祯　吕军　项瑛　蒋薇(江苏省气候中心)

第 七 章　王腾飞(南京信息工程大学)　Marco Gemmer　Thomas Fisher　曹丽格(国家气候中心)

第 八 章　朱德明　司晓磊(江苏省环境保护厅)

本书由2009年中国气象局气候变化专项,国家重点基础研究发展计划课题"气候灾害的区域脆弱性与风险管理"(2012CB955903),国家自然科学基金"气象灾害风险分担和转移的机制研究"(41171406),国家科技支撑计划"IPCC第五次评估对我国应对气候变化战略的影响"(2012BAC20B05)和中国气象局气象小型建设项目"山洪地质灾害防治气象保障工程"等项目资助。感谢清华大学罗勇教授在项目协调、规划和组织方面给予的大力支持;感谢国家气候中心李修仓等参加了部分工作;同时还要感谢参加编写的所有撰稿人和相关工作人员。

本书虽力求组织中国相关领域的专家参与编写,但由于气候变化影响涉及面广,气候变化影响、脆弱性和适应性存在不确定性和复杂性,加之中外关于气候变化和城市发展相互作用的研究积累较少,区域城市化对气候变化的作用相关研究尚处于起步阶段、较为薄弱,不足之处在所难免,恳请广大读者批评指正,以便在后续的报告中加以改进。

报告提要

长江三角洲地处北半球中低纬度,在地理上指长江和钱塘江在入海处冲积成的三角洲,包括江苏省东南部、上海市和浙江省东北部,是长江中下游平原的一部分,面积约5万 km²。在经济上指以上海为龙头的江苏、浙江经济带。这里是中国目前经济发展速度最快、经济总量规模最大、最具有发展潜力的经济板块。近百年来,该地区对气候变化较敏感,气候变率较大,该地区气候正经历了一次以变暖为主要特征的显著变化,给自然生态系统和社会经济系统带来了重要影响。

一、气候变化对中国经济社会发展、自然生态系统产生重大的影响。长江三角洲位于长江流域的下游濒临中国东部沿海,该地区城市化程度高、人口密集、经济发达,气候变化与人类活动相互影响显得非常独特,因而深入研究气候变化及人类活动对长江三角洲各方面的影响,有助于积极应对气候变化,保证长江三角洲地区经济持续快速发展,为后世博时代继续推动"城市让生活更美好"理念提供理论基础和技术保障。

全球地面平均气温在过去的140多年间上升了0.4~0.8 ℃,未来50—100年全球气候将继续变暖,到21世纪末还将上升1.4~5.8 ℃。在这种气候变化格局下,全球各区域表现出不同的响应特征。中国近100年来平均气温明显上升0.5~0.8 ℃,略高于全球同期升温平均值;在未来50—80年,气候变化速度将进一步加快,可能使中国平均气温升高2~3 ℃,平均降水量增加7%~10%。与全球或全国的气候变暖趋势相似,长江流域特别是上游地区近50年来气温呈明显的升高趋势,尤其是20世纪90年代以来升温明显加速。

而长江流域年降水量近几十年来变化趋势不显著,只表现出微弱的增多。1961—2010年长江三角洲地区年平均气温的上升趋势显著,其气候倾向率为 0.29 ℃/10 a,其中20世纪 90 年代之后升温趋势明显加速。随着长江三角洲内城市的不断扩大,该地区形成4 个典型的城市群:宁镇扬城市群、苏锡常城市群、上海大城市区、杭州湾城市群,构成了一个沿江沿海的"之"字形城市带。分析长江三角洲区域内各气象站年平均气温气候倾向率的地区差异,不难发现年平均气温的升高与城市群空间分布呈现出"之"字形带状分布相似,也呈现出"之"字形带状分布特征。长江三角洲地区存在 6 个显著的升温高值中心,分别是扬州、南京、江阴、上海、杭州和宁波,气候倾向率在 0.30~0.52 ℃/10 a。

在气候变化的背景下,长江三角洲水资源、农业、自然生态系统、社会经济、人体健康等各个方面都不同程度地受到影响。为提高应对气候变化的能力,要按照长江三角洲地区制定的应对气候变化方案,把节能减排、优化产业结构和城市防灾、减灾等结合起来,减少气候变化对于经济社会和人民生活可能带来的不利影响,在促进长江三角洲可持续发展的同时为减缓长江流域甚至全球气候变化做出贡献。

二、在气候变化背景下,长江三角洲气候变化有其自身特征。1961—2010 年,长江三角洲年平均气温显著升高,尤其是 20 世纪 90 年代以后,而年降水量变化不明显。根据气候模型预估,未来 50 年长江三角洲地区年平均气温仍可能呈持续升高趋势,年降水量在 2030 年前后有明显减少趋势。

长江三角洲地处亚洲大陆东岸,属于亚热带季风气候,受东亚夏季风影响,是中国气温相对较高、降水量较大的地区之一。根据 1961—2010 年气象观测资料统计,长江三角洲地区年平均气温为 15.8 ℃。从空间分布上看,年平均气温呈现由北向南,逐步递增的纬向分布特征。扬州—南通一线以北地区气温最低,在 15.2 ℃以下,杭州以南年平均气温最高为 17.3 ℃。长江三角洲地区的地面气温季节变化比较明显。夏季多年平均气温为 26.4 ℃,冬季为 4.6 ℃。20 世纪 90 年代之后,年平均气温呈现显著上升趋势,其中春、秋、冬季较为明显。长江三角洲多年平均年降水量为 1183 mm,夏季降水量为482 mm,春季次之,约为 315 mm。春夏两季降水量约占到全年降水量的 67%。长江三角洲区域内多年平均年降水量空间分布呈现由南向北逐渐减少的特点。上海市及其以北区域年降水量在 960~1200 mm,其南部区域年降水量超过 1200 mm,尤其是长江三角洲西南建德以西地区、东南角奉化以南地区年降水量最大,超过 1500 mm。长江三角洲水系基本上由长江河口水系、太湖水系和运河水系组成,由于地处平原河网地区,河道比较窄,水流宣泄不畅,且常遭受梅雨、台风暴雨、风暴潮以及长江中下游地区洪水的袭击,容易出现外洪、内涝或外洪内涝并发的水灾。

三、气候变化对长江三角洲水资源、农业、自然生态系统、社会经济和人体健康等方面产生了一定的影响。综合评估气候变化影响可为应对气候变化提供科学依据。

对水资源的影响。长江三角洲水资源时空分布变化较大,外来水源主要是长江过境水,大通站为长江下游水文站控制站,控制流域面积 170.5 万 km²,占长江流域总面积的 94.7%。根据大通站 1950—2008 年近 59 年实测流量统计,长江流域多年年平均流量为 28800 m³/s,在 20 世纪 50 年代高于多年平均值,60、70 年代低于多年平均值,80 年代略低于多年平均,90 年代大大高于多年平均值,特别是 1998 年达到最大值,2000 年以来出现减小趋势,且略低于多年平均值。进入 21 世纪以来,由于长江流域降水量偏小,长江流域整个汛期的流量较小,再加上水利工程的影响,长江中下游流量呈现显著减少趋势。长江下游的大通站分别在 2001、2004 和 2006 年洪峰流量均不足 47000 m³/s,2008 年洪峰流量不足 49000 m³/s,2009 年 8 月下旬,洪峰流量也不超过 47000 m³/s,近年来大多数年份年最低流量均在 10000 m³/s 以下。总之,由于气候变化,21 世纪以来,长江三角洲地区外来水源总体呈现越来越少的趋势。

对农业的影响。长江三角洲物产丰饶,农业发达,盛产稻米、蚕桑和棉花,是中国著名稻米产区。苏州和杭嘉湖地区是中国重要蚕桑基地之一。滨海地带的棉花产量亦占中国棉产量的重要地位。水产资源更为丰富。仅太湖拥有鱼类即达百种左右。阳澄湖、淀山湖以螃蟹著称。河口浅滩是繁殖河蟹幼苗的优良场所。过去 50 多年来,长江三角洲地区的年平均气温也在持续升高,气温升高会造成长江三角洲地区冬小麦生育期提前,个体偏弱,群体过大,严重影响产量和品质。过于充足的水热资源易导致作物旺长,更加难以通过生产管理措施来调节,同时将加重田间渍害,引发病、虫、草害加重发生,恶化植株生长环境,引发光合功能下降,加速生育进程,缩短灌浆等关键生育期,降低产量和品质。长江三角洲地区是中国南方双季稻的主要产区,未来气候变暖使得热量资源更为丰富,如果不改良水稻的品种和种植方式,未来气候变暖情景下,稻米的质量可能会变差。未来气候变化将对长江三角洲地区主要农作物的病虫害产生较大影响,农业病虫害有加重的趋势,稻瘟病将是未来影响长江三角洲水稻生产的一大问题。另外,白粉病、赤霉病、纹枯病等不断扩大发展,麦蚜、吸浆虫、红蜘蛛、棉铃虫等害虫也都有严重发生的可能。长江三角洲地区渔场和鱼汛期直接受海流、海温影响,气候变化会影响海流、海温,因而渔业生产对气候变化的反映较为敏感。全球气候变暖会引起海水温度的升高,水温的变化会直接影响鱼类的生长、摄食、产卵、洄游、死亡等,影响鱼类种群的变化,并最终影响到渔业资源的数量、质量及其开发利用。为此,长江三角洲地区应调整种植结构、加强农田水利基础设施建设、发展设施农业、发展节水农业、选育抗逆性强的新品种、加强农业技术研发、推行生态农业、推广植树造林、加强地区合作,提高灾害监测预警水平,完善水资源管理体制,促进全球合作,积极应对气候变化对农业的影响,确保农业增产、农民增收。

对自然生态系统的影响。气温升高影响森林生态系统的生物总量和年生物产量,并将导致林业更加易受有害生物威胁,进而影响区域生态系统的多样性和稳定性。同时,将使一些水生生物灭绝,使一些水生生物繁殖加速。气候变化还将导致区域植物物候发生改变,湿地物种多样性发生改变。

对社会经济的影响。长江三角洲地区是中国经济高速发展地区,城市化和工业化促进了长江三角洲地区的经济腾飞,但也引起了人口和燃料消耗剧增等问题,大量温室气体被排放,从而加剧了长江三角洲的大气污染和气候环境变化。长江三角洲地区已成为中国最主要的温室气体排放区,矿物能源的使用导致了大气层中二氧化碳和氮氧化合气体的浓度升高,随着国家节能减排措施的落实,该地区未来经济要保持持续健康发展,必须转变生产方式,改进生产工艺,减少能源消耗。

对人体健康的影响。受气候变化的影响,冬季偏高的气温有利于流感传播;血吸虫病在长江下游的流行将成为一个巨大的潜在威胁;随着夏季极端高温及暖冬污染天气的不断出现,心脏病、高血压和呼吸道病人发病和死亡率都将增大。

四、针对气候变化对长江三角洲各个方面的影响,在全球变暖的大背景下,要实现长江三角洲的可持续发展,就必须加强应对气候变化的能力建设,必须将适应气候变化影响问题纳入长江三角洲经济建设和社会发展规划。近些年来,在长江三角洲实施的太湖水环境治理工程、城市化发展、江苏沿海发展规划等都取得了显著成果,极大地提升了长江三角洲适应气候变化的能力。

加强适应能力建设。加强长江三角洲水利工程联合调度,改善太湖流域的河流水环境条件,增进河流健康;提高综合监测和预警、预报系统能力,建立长江三角洲生态与环境监测系统,在监测的基础上积极开展气候变化影响研究。

加强节能减排措施的落实,推广清洁发展机制。长江三角洲地区一直重视经济的可持续发展,大力推进清洁发展工作,已由中国国家发展改革委员会批准的长江三角洲地区的项目,截至 2008 年 6 月,江苏省已有 45 个项目获中国政府注册,占注册总量的近30%,有 5 个项目获联合国气候小组签发,占中国签发总量的 12%;从换取的减排总量来看,浙江省占全国的 20%,位居第一,江苏省占全国的 17%,位居第二。中国清洁发展(CDM)项目累计签发量超过 1000 万 t 的项目有 6 个,其中有 4 个是长江三角洲地区的项目。

五、在保证长江三角洲经济持续快速发展、城市健康发展、社会稳定的前提下,开展经济、能源的结构调整和优化,提高能源利用率,减少温室气体排放,加大力度保护湿地资源和建设生态环境,是长江三角洲减缓气候变化及其影响的主要对策。

减缓气候变化指人类对气候系统实施的干预,手段主要是削减温室气体排放和增加温室气体吸收。根据长江三角洲自身的特点,长江三角洲减缓气候变化对策主要包括:

正确认识和评价气候变化对长江三角洲自然、环境、资源和社会、经济等各个方面的影响,增强危机感和责任感;加快法制建设;中国政府在 20 世纪 80 年代以来就把节能作为一项基本国策,相应制定了节能法、节能法规、条例和标准、节能的技术和经济激励政策;实施积极的优惠扶持政策;要依照国家产业政策和行业发展规划,综合运用金融、财税、投资和价格等手段,引导长三角地区产业发展。加快制定资源节约型社会的相关经济政策,如资源回收奖励政策、贴息、提供贷款,设立可回收保证金、征收新鲜材料费等,使得循环利用资源和保护环境有利可图;要尽快建立长三角地区环保科技体系,组织对重大环境问题的科研攻关,加强环境保护关键技术和工艺设备的研究开发,加强环境保护新技术、新成果的推广运用。转变以消耗资源和粗放经营为特征的传统发展模式,走重效益、重质量、节约资源的内涵式发展道路。积极发展环保技术服务业,培育环保产业市场中介组织,努力推动环保产业规模化、集约化、高科技化发展。

建立和完善长江三角洲地区环境综合决策评估和监督机制。要保证环境综合决策的科学性,首先要开展环境影响评估和政策对环境影响的评估。环境影响评估就是从人类经济活动和经济政策与社会经济活动的相互作用出发,运用各种尺度对人类经济活动的适宜性、人类经济活动对于环境的影响、环境的承载力、环境对于人类活动的容纳力、环境资源的经济价值、自然灾害的潜在风险损失等诸多方面进行分析、评价和论证,从而为进行经济决策提供科学依据。目前,已经建立了建设项目环境影响评估制度,但是还缺乏对经济政策、发展规划的环境影响评估制度,要尽快建立相关制度,为把环境保护纳入区域发展规划和经济决策奠定基础。

调整能源结构。以清洁能源和高效能源替代污染型和低效型能源,开发利用水能、风能、太阳能、生物质能等新能源和可再生能源,替代高碳的化石能源,是实施温室气体减排的重要手段。推广清洁燃料替代石油。通过"以气代油""以电代油""以生物燃料代油",从而抑制石油需求的急速增长。大力开发可再生的新能源是解决后续能源的关键途径。长江三角洲有丰富的风能、太阳能、生物质能、海洋能等,代表着能源产业发展的方向。

推进长江三角洲地区生态建设,充分发挥森林的生态功能。森林作为陆地生态系统碳吸收的主体,对减缓气候变化可以发挥重要作用。林业发展的指导思想发生了从过去的以木材生产为主向以生态建设为主的重大变化转变,这将通过大规模地绿化造林和重大林业生态工程的实施对减缓气候变化产生重要的影响。造林/再造林的主要措施包括退耕还林,自然林保护,建设防护林、环京津防沙林,建造快生林。

将节能减排作为长江三角洲地区优化和拉动经济增长的重要领域。在全球经济下滑的大背景下,维持经济增长必须重点依靠"三驾马车"中的投资和中国国内消费两驾马车。将环境基础设施建设、新能源开发和能效提高等节能减排领域和低碳经济作为重点投资领域,既可以拉动经济增长,又可以优化经济增长方式。目前出现的金融危机,虽然给中国金融业乃至实体经济产生了巨大影响,但给中国国内调整结构也确实带来了机遇。不仅给中国调整经济结构带来了机遇,也给世界带来了转变发展方式、转变消费方式、转变生活方式、调整经济结构、调整产业结构的一次非常好的机会,长江三角洲地区正好可以加大资源、环境、基础设施的建设,增加用于节能减排的投入,扩大内需。

目　录

长江三角洲气候变化的观测事实与未来趋势

谢志清　曾燕　王珂清(江苏省气候中心)

王腾飞　黄金龙(南京信息工程大学)

翟建青(国家气候中心,南京信息工程大学气象灾害预报预警与评估协同创新中心)

引言

　　长江三角洲位于长江中下游地区,是中国经济最发达的地区之一,是人口最稠密的地区之一,属于亚热带季风气候区。由于受季风气候的影响,年际气候变化的差异很大,对本地区区域经济的发展产生不可忽略的影响。

　　本章主要对 1961—2010 年长江三角洲的气候变化观测事实及未来气候变化可能趋势进行分析,同时对由于人类活动引起的未来气候变化的可能趋势进行初步预估。内容包括长江三角洲气候的基本特点和气候变化主要观测事实、极端气候事件的变化情况以及未来气候变化预估。

专栏

　　气候变化:指气候状态的变化,而这种变化能够通过其特性的平均值和/或变率的变化予以判别(如运用统计检验),气候变化将在延伸期内持续,通常为几十年或更长时期。气候变化的原因可能是由于自然内部过程或外部强迫,或是由于大气成分和土地利用中持续的人为改变。另外,《联合国气候变化框架公约》(UNFCCC)第一条将气候变化定义为"在可比时期内所观测到的自然气候变率之外的直接或间接归因于人类活动改变全球大气成分所导致的气候变化"。因此,UNFC-CC 对可归因于人类活动而改变大气成分后的气候变化与可归因于自然原因的气候变率作出了明确的区分(IPCC,2007)。

气候倾向率:气象要素的趋势变化一般用线性方程表示,即:

$$\hat{x}_t = a_0 + a_1 t \qquad t = 1, 2, \cdots, n(年)$$

将 $a_1 \cdot 10$ 称为气候倾向率,单位为气象要素单位/10 a,并根据统计检验判断这种气候趋势是否有意义,还是一种随机振动(Jones,1978)。

极端天气气候事件:极端天气气候事件是指天气(气候)的状态严重偏离其平均态时所发生的事件,可以认为是异常或很少发生的事件,在统计意义上称为极端事件。极端天气气候事件常定义为超过某个阈值的极端事件。阈值包括极值、绝对阈值和相对阈值。极值即挑选某个长期序列的极端最大、最小值及其出现的日期和时间。IPCC 第三次评估报告(TAR)和 IPCC 公布的第四次评估报告(AR4)都对极端天气气候事件作了明确的定义,对一特定地点和时间,极端天气事件就是从概率分布的角度来看,发生概率极小的事件,通常发生概率只占该类天气现象的10%或者更低,从这样的定义来看,极端天气事件的特征是随地点而变的;极端气候事件就是在给定时期内,大量极端天气事件的平均状况,这种平均状态相对于该类天气现象的气候平均态也是极端的(Houghton,et al.,2001;IPCC,2007)。

第一节 气候变化观测事实

在全球增暖的背景下,长江三角洲的气候发生了明显的变化。作为一个环境单元,其本身具有全球意义的同步现象,但作为一个区域,也有其区域演变的独特现象和区域内部的差异。长江三角洲是中国最大经济区之一,也是中国改革开放以来经济发展最为迅速的地区之一,号称中国的"金三角"。近30年来,该区经济高速增长,人口密度和矿物能源消费剧增,区域气候和生态环境都发生了明显变化(刘晶淼 等,2002;何剑锋等,2006;秦丽云,2006)。金龙等(1999)研究得出,该区年和冬季的最高、最低气温年代差异很大,而夏季最高、最低气温的变化较小,有明显的气候变化不稳定特征。刘春玲等(2005)用上海、杭州和南京气象站资料研究长江三角洲地区气候变化趋势,表明该区年平均气温升高趋势显著,且在 20 世纪 90 年代初期发生明显突变,春、秋季和冬季气温均显著上升,夏季升温不明显。年降水量变化不明显,而秋季降水量则呈明显减少趋势。蒋薇(2009)对 1961—2007 年长江三角洲气象资料分析表明,虽然长江三角洲降水极值随时间变化无明显的上升趋势,但年小雨日数减少,而大雨、暴雨日数却有一定增多。Chen 等(2000)指出,人类经济活动对区域气候的影响是非常显著的,长江三角洲地区已形成一个由上海、南京、杭州、无锡、常熟等中心城市联合而成的"区域性热岛",其强度的长期变化与经济发展为明显正相关。周秀骥(2004)和谢志清等(2007)研究表明,自 20 世纪 80 年代以来,长江三角洲地区经历了一个城市化进程快速发展时期,形成了一个以宁镇扬城市群、苏锡常城市群、上海大城市区、杭州湾城市群为组成的"之"字形城市带,城市群之间出现城市化连片趋势。发达的工业、频繁的人类活动导致该区域城市热岛现象日趋严重,形成了一个强大的区域性热岛,对区域气候的自然变化产生了不可忽视的影响,其影响程度正在持续增大,且趋势显著。邓自旺等(2000)研究了全球气候变暖对长江三角洲极端高温事件概率的影响,表明全球变暖将使该区极端高温事件发生的概率增大。崔林丽等(2008)分析了 1959—2005 年和 1981—2005 年长江三角洲气温的年和季节变化特征,结果表明,过去 47 年和 25 年,长江三角洲年均气温、年均最高和最低气温都显著升高,升温率都是冬季和春季较高,夏季最低。大城市站升温率明显高于小城镇和中等城市,城市化效应对大城市气温基本上都是升温作用,其中对平均最低气温的升温率及贡献率最大,对平均最高气温都最小。

一、气温

根据 1961—2010 年气象观测资料统计,长江三角洲地区年平均气温为 15.8 ℃。从空间分布上看,年平均气温呈现由北向南,逐步递增的纬向分布特征。扬州—南通一线以北地区气温最低,在 15.2 ℃以下(图 1.1),杭州以南年平均气温最高,在 16.3～17.3 ℃。

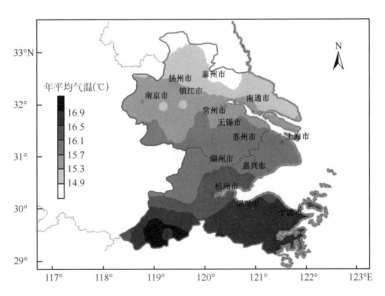

图 1.1 长江三角洲年平均气温空间分布

长江三角洲地区的地面气温季节变化比较明显(表 1.1)。夏季多年平均气温为 26.4 ℃,冬季为 4.6 ℃。20 世纪 90 年代之后,年平均气温呈现显著上升趋势,其中春、秋、冬季较为明显。

表 1.1　　　　　　　1961—2010 年长江三角洲不同年代平均气温(℃)

时段	年	春季	夏季	秋季	冬季
1961—1970 年	15.8	14.1	26.4	18.0	4.4
1971—1980 年	15.7	14.0	26.2	17.5	4.8
1981—1990 年	15.8	14.2	26.2	17.3	4.7
1991—2000 年	16.3	14.9	26.4	18.2	5.6
2001—2010 年	17.1	15.7	27.3	19.2	6.0
多年平均	16.1	14.6	26.5	18.1	5.1

1. 年平均气温变化

根据长江三角洲地区内 84 个气象站 1961—2010 年的气象观测数据,长江三角洲区域内年平均气温呈现明显升高趋势。所有站点的升温趋势均通过 0.05 以上显著性水平检验。

随着长江三角洲内城市的不断发展,该地区形成 4 个典型的城市群:宁镇扬城市群、苏锡常城市群、上海大城市区、杭州湾城市群,构成了一个沿江沿海的"之"字形城市带。长江三角洲地区存在 6 个显著的增温高值中心,分别是扬州、南京、江阴、上海、杭州和宁波,气候倾向率在 0.30~0.52 ℃/10 a(图 1.2)。

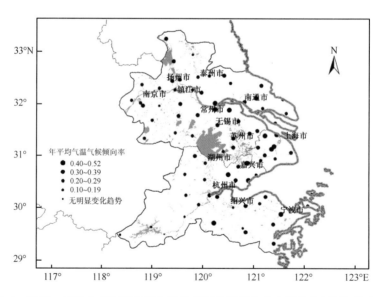

图 1.2　1961—2010 年长江三角洲年平均气温气候倾向率空间分布(单位:℃/10 a)

为了能够更清楚地看出气温增长情况,取 1971—2000 年 30 a 的气候平均值为参照。相对于 30 a 气温平均值而言,20 世纪 90 年代以来,气温升高显著。1991—2000 年的年平均气温增长幅度达 0.42 ℃,其中冬季增温最为明显,为 0.61 ℃,春、秋次之,夏季增温最少,为 0.15 ℃。2000 年以后增温幅度更大,年平均气温较 30 a 平均增高了 1.17 ℃,春、秋季增温最为显著,春季次之,冬季增温幅度最小,也达到 0.94 ℃(表 1.2)。

表 1.2　长江三角洲 1961—2010 年平均气温年代变化(℃)(相对 1971—2000 年平均)

时段	年	春季	夏季	秋季	冬季
1961—1970 年	−0.15	−0.31	0.15	0.17	−0.61
1971—1980 年	−0.24	−0.35	−0.05	−0.33	−0.25
1981—1990 年	−0.16	−0.13	−0.09	−0.08	−0.36
1991—2000 年	0.42	0.50	0.15	0.41	0.61
2001—2010 年	1.17	1.30	1.00	1.40	0.94

1961—2010 年长江三角洲地区年平均气温的上升趋势通过 0.01 显著性检验,其气候倾向率为 0.33 ℃/10 a。不难看出,20 世纪 90 年代之后升温趋势明显加剧(图 1.3)。

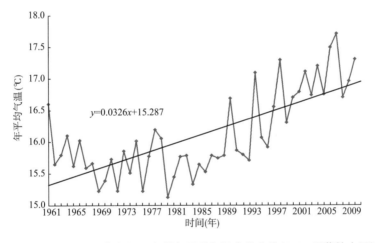

图 1.3　1961—2010 年长江三角洲年平均气温变化曲线(0.01 显著性水平)

对比 50 年长江三角洲地区四季平均气温变化情况(图 1.4),春、秋、冬三季平均气温的上升趋势均通过 0.01 显著性检验。冬季平均气温的升温幅度最大,气候倾向率为 0.42 ℃/10 a,春、秋季次之,夏季平均气温变化不明显。不难看出四季平均气温在 20 世纪 90 年代之后升高都更为显著,这可能与 90 年代之后长江三角洲地区城市化进程的加快有关。

从长江三角洲地区四季平均气温变化的空间分布上看(图 1.5),四季平均气温的升高亦呈现与城市群空间分布的"之"字形带状分布相似的分布特征。与年平均气温升高情况类似,四季平均气温变化仍然存在 6 个显著的升温高值中心,其中夏季除"之"字形地带以外大部分地区的平均气温无明显变化趋势,冬季则大部分地区的平均气温都呈现不同程度的升高。

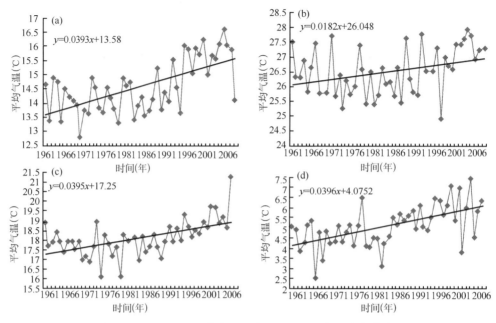

图 1.4　1961—2010 年长江三角洲四季平均气温变化曲线

（a. 春季, b. 夏季, c. 秋季, d. 冬季）

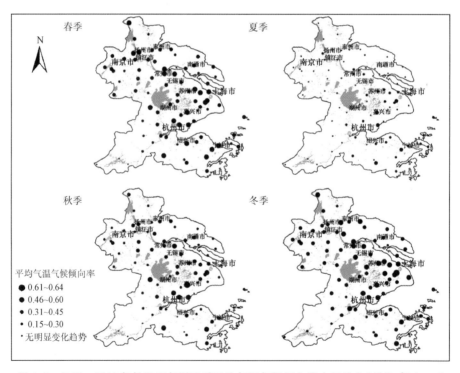

图 1.5　1961—2010 年长江三角洲四季平均气温气候倾向率空间分布（单位：℃／10 a）

2. 平均最低气温变化

据统计,1961—2010 年长江三角洲地区年平均最低气温呈现明显的上升趋势,年平均最低气温的气候倾向率达到 0.34 ℃/10 a,上升趋势的显著性水平达到 0.01。值得关注的是,20 世纪 90 年代之后,年平均最低气温的上升趋势尤为明显,且上升幅度较大。1998 和 2006 年以后多次的年平均最低气温更是超过了 13.5 ℃,比 1968 年的 10.9 ℃高出了 2.6 ℃(图 1.6)。

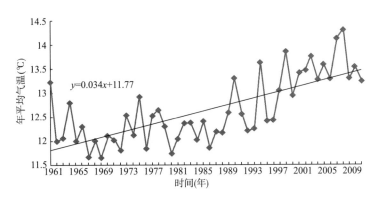

图 1.6　1961—2010 年长江三角洲年平均最低气温变化曲线(通过 0.01 显著性水平)

对比四季长江三角洲平均最低气温变化,可以看出 50 年来四季平均最低气温均有不同程度的上升。冬季上升趋势最为明显,气候倾向率达到 0.46 ℃/10 a,春季次之,为 0.36 ℃/10 a,秋季则为 0.32 ℃/10 a,夏季平均最低气温上升幅度最小,气候倾向率为 0.22 ℃/10 a。春、秋、冬三季的平均最低气温上升趋势均通过 0.01 显著性检验,夏季通过 0.05 显著性检验。与年平均最低气温变化相应地,20 世纪 90 年代之后,四季平均最低气温也相对呈现更加明显的上升趋势(图 1.7)。

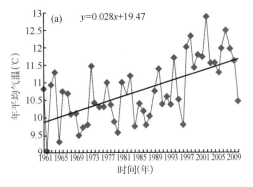
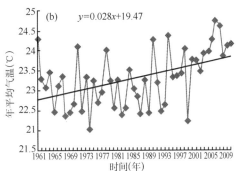

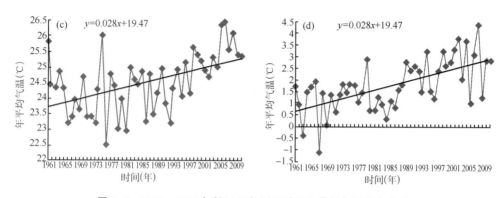

图 1.7 1961—2010 年长江三角洲四季平均最低气温变化曲线

（a. 春季，b. 夏季，c. 秋季，d. 冬季）

从平均最低气温变化的空间分布上看,四季平均最低气温均呈现上升趋势,并且上升趋势显著的区域亦呈现"之"字形带状分布特征,主要位于沿江和沿海一带。然而平均最低气温的上升幅度四季有所不同(图 1.8),冬季全区域的平均最低气温上升最明显,春、秋季次之,夏季变化最小。84 个站点中平均最低气温气候倾向率在 0.51~0.80 ℃/10 a 的站点冬季有 36 个,占总数的 43%;春季则有 17 个,占 20%;秋季为 9 个,占 11%;夏季所有站点的平均最低气温气候倾向率均小于 0.44 ℃/10 a。

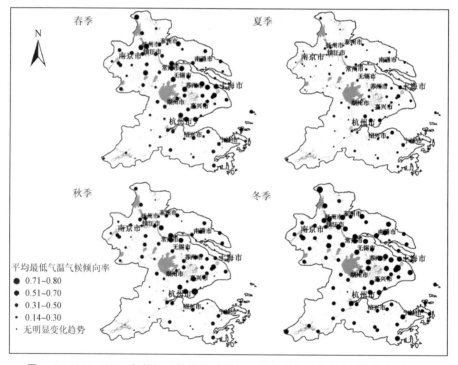

图 1.8 1961—2010 年长江三角洲四季平均最低气温气候倾向率(单位:℃/10 a)

3. 平均最高气温变化

相应地,长江三角洲地区年平均最高气温的上升趋势亦十分显著,气候倾向率为 0.28 ℃/10 a。统计资料显示,20 世纪 90 年代之后的年平均最高气温总体上明显高于 90 年代以前,且上升幅度较大(图 1.9)。

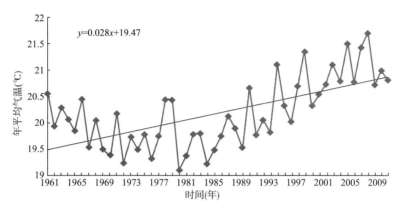

图 1.9　1961—2010 年长江三角洲年平均最高气温变化曲线(0.01 显著性水平)

统计结果显示,四季平均最高气温出现不同程度上升。春季和秋冬季平均最高气温呈 0.01 显著性水平的增加趋势,其中春季升高幅度最大,气候倾向率为 0.41 ℃/10 a,冬季次之,为 0.30 ℃/10 a,夏季则没有通过统计检验(图 1.10)。

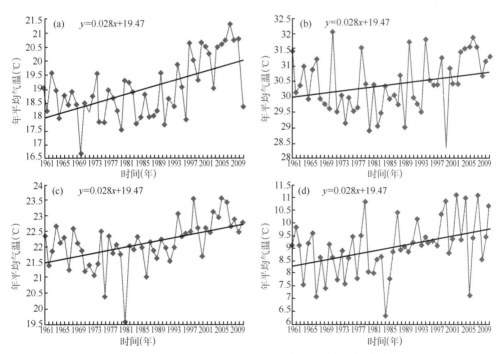

图 1.10　1961—2010 年长江三角洲四季平均最高气温变化曲线

(a. 春季,b. 夏季,c. 秋季,d. 冬季)

长江三角洲平均最高气温的气候倾向率空间分布也同样呈现"之"字形(图1.11)。

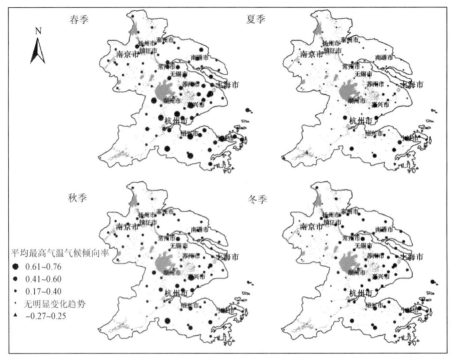

图1.11　1961—2010年长江三角洲四季平均最高气温气候倾向率(单位:℃/10 a)

　　春、秋、冬季的平均最高气温上升趋势较为明显。平均最高气温气候倾向率在0.41～0.76 ℃/10 a的站点春天最多,有38个,占观测站点总数的45%;秋季次之,有13个,占到15%;冬季有9个。夏季平均最高气温气候倾向率较大的站点有8个,均集中在长江三角洲区域内东部沿海地区,除去浙江省的开化和淳安两处平均最高气温略有下降之外,大部分地区均无明显变化趋势。

二、降水

　　长江三角洲地处亚洲大陆东岸,属于亚热带季风气候,受东亚夏季风影响,是中国降水量较多的地区之一。长江三角洲水系基本上由长江河口水系、太湖水系和运河水系组成,由于地处平原河网地区,河道比较窄,水流宣泄不畅,且常遭受梅雨、台风暴雨、风暴潮以及长江中下游地区洪水的袭击,容易出现外洪、内涝或外洪内涝并发的水灾。

　　长江三角洲多年平均年降水量为1183 mm,夏季降水量为482 mm,春季次之,约为315 mm。春夏两季降水量约占到全年降水量的67%。

　　根据长江三角洲84个站点46 a的降水观测资料统计,长江三角洲区域内多年平均年降水量空间分布呈现由南向北逐渐减少的特点(图1.12)。上海市及其以北区域年降水量在960—1200 mm,其南部区域年降水量超过1200 mm,尤其是长江三角洲西南建德以西地区、东南角奉化以南地区年降水量最多,超过 1500 mm。

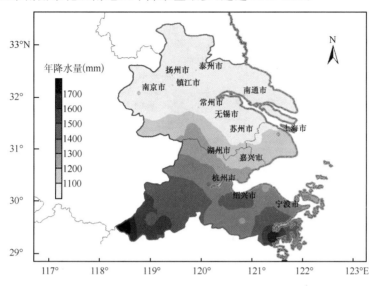

图 1.12 长江三角洲年降水量空间分布

长江三角洲地区降水量呈现明显季节性变化。1961—2010 年多年平均降水量资料显示(表 1.3),夏季(6—8 月)降水最多,春季(3—5 月)次之,秋季(9—11 月)、冬季(12 月—次年 2 月)降水量则相对较小。从不同年代降水量看,年降水量整体变化不大,但季节分配发生了变化,冬季降水呈增多趋势,秋季降水呈减少趋势。

表 1.3　　　　　　　　**1961—2010 年长江三角洲不同年代降水量(mm)**

时段	年	春季	夏季	秋季	冬季
1961—1970 年	1090	306	387	264	133
1971—1980 年	1155	310	435	250	160
1981—1990 年	1222	314	487	284	137
1991—2000 年	1260	323	557	218	166
2001—2010 年	1178	277	476	220	205
多年平均	1178	306	468	247	160

根据长江三角洲区域内 84 个气象站 1961—2010 年的降水观测数据,长江三角洲大部分地区年降水量变化趋势并不明显。无明显变化趋势的站点有 76 个,占到 90%。年降水量出现明显变化的 8 个站点均出现在沿海地区,包括江苏太仓,上海崇明岛、龙华,以及浙江舟山群岛(图 1.13)。

将 1971—2000 年 30 a 平均降水量作为气候平均态进行参照对比(表 1.4),可以看出长江三角洲的年降水量以 20 世纪 60 年代最小,70 年代次之,90 年代最大,2000 年之后又比较小。

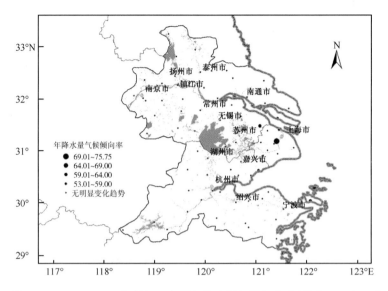

图 1.13　1961—2010 年长江三角洲年降水量气候倾向率(单位:mm/10 a)

表 1.4　长江三角洲 1961—2010 年季节降水年代变化(单位:mm)(相对 1971—2000 年平均)

时段	年	春季	夏季	秋季	冬季
1961—1970 年	−123	−10	−106	13	−21
1971—1980 年	−58	−6	−58	−1	6
1981—1990 年	9	−2	−6	33	−17
1991—2000 年	47	7	64	−33	12
2001—2010 年	−35	−39	−17	−31	51

总体而言,长江三角洲 1961—2010 年 50 a 间年降水量并无明显变化趋势 (图 1.14),但年际变率较大。1978 年降水量最小,年降水量为 770 mm;1991 年降水量 最多,年降水量达到 1501 mm。

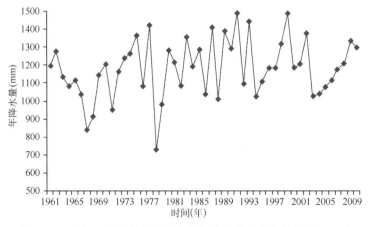

图 1.14　1961—2010 年长江三角洲年降水量变化曲线(单位:mm)

长江三角洲受东亚夏季风影响,是中国降水量最大,洪涝灾害最严重的地区之一,降水主要集中在夏季,尤其在盛夏江淮梅雨季节,常常出现一些持续时间长、覆盖面积大的连续性强降水,形成严重洪涝灾害。故夏季降水量的多寡,是决定当年旱涝的主要因素。通过对 1961—2010 年长江三角洲地区四季降水量数据的分析对比,冬、夏季降水量均呈现显著的升高趋势,冬季尤其明显,春天变化趋势并不明显,秋天降水量则呈显著下降(图 1.15)。

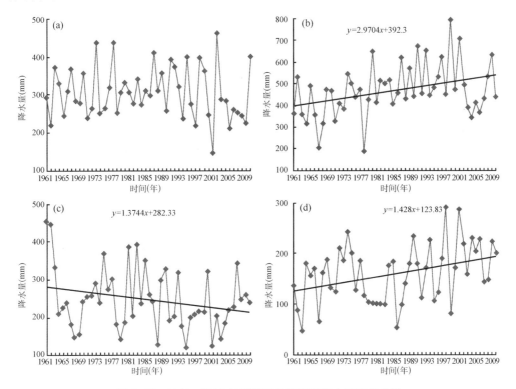

图 1.15　1961—2010 年长江三角洲四季降水量变化曲线

(a. 春季,b. 夏季,c. 秋季,d. 冬季)

从四季降水量气候倾向率的空间分布上看,长江三角洲地区 84 个站点的春季降水量气候倾向率均无明显变化趋势,夏季有 28 个站点呈显著上升趋势,秋季则有 64 个站点降水量出现不同程度的显著减少,冬季有 65 个站点呈现显著上升趋势(图 1.16)。因此,可以得出结论,尽管长江三角洲地区年降水量没有明显变化,但降水的季节分配发生了变化。

三、日照时数

日照时数是指当地日照时间的长短,一般用小时数来表示。长江三角洲地区 1961—2010 年 50 a 的年日照总时数平均值为 1985 h。在空间分布上呈现由北向南递减的空间分布特点,区域内泰州以北地区日照时数最长,平均年日照时数超过 2100 h,区域内浙江省辖区范围年日照时数相对较低,在 1900 h 以下。从日照时数的季节性变化

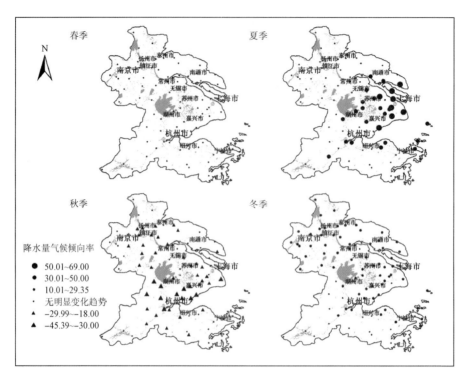

图 1.16　1961—2010 年长江三角洲四季降水量气候倾向率(单位:mm/10 a)

看,夏季日照时间最长,夏季平均日照时数为 617 h,春、秋两季日照时数相差不大,冬季最少,为 399 h。统计结果显示,1961—2010 年长江三角洲的日照时数在不断地减少,其气候倾向率为 −79 h/10 a。

1961—2010 年的 50 a,长江三角洲年日照时数呈现减少趋势,年日照时数气候倾向率为 −79.0 h/10 a,通过 0.01 显著性水平检验(图 1.17)。除江苏省镇江、无锡、常州一带减少幅度较小,在 60 h/10 a 以下外,大部分区域日照时数下降明显。

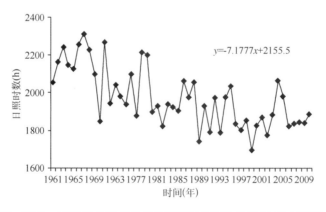

图 1.17　1961—2010 年长江三角洲年日照时数变化曲线(0.01 显著性水平)

1961—2010 年长江三角洲四季日照时数变化如图 1.18 所示,可以看出,夏、冬季日照时数呈显著下降趋势。夏季日照时数减少趋势最为明显,其气候倾向率为－38.4 h/10 a,冬季日照时减少速度要小一些,为－22.8 h/10 a。春、秋季日照时数变化趋势没有通过统计检验。

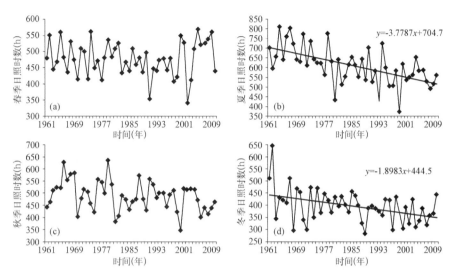

图 1.18　1961—2010 年长江三角洲四季日照时数变化曲线

(a. 春季,b. 夏季,c. 秋季,d. 冬季)

第二节　极端气候事件变化

极端气候事件频繁发生所造成的灾害给社会、经济以及人民生活造成了严重的影响和损失。洪水、干旱、高温、台风、雨雪冰冻等极端天气气候事件的加剧越来越引起公众的关注。研究表明,极端气候事件的发生也表现出一定的地域性差异。

专栏

极端气温事件:将某站 1961—2010 年所有日最低(高)气温资料按升序排列,得到该站日最低气温第 5(95)个百分位值,将之作为该站极端低温阈值。如果某日的最低(高)气温低(高)于该阈值,则认为该日为极端低(高)温事件,统计该站每年出现极端低(高)温事件的日数,并分析其 50 a 变化趋势。

极端降水事件：将某站 1961—2010 年所有日降水量资料按升序排列，得到该站日降水量第 95 个百分位值，将之作为该站极端强降水阈值。如果某日降水量高于该阈值，则认为该日为极端强降水事件。将该站每年所有极端降水事件的日降水量累加定义为年极端降水量，并分析其 50 a 变化趋势。

一、极端气温事件

近年来，各国气象学者已从不同的角度对极端气温作了研究，受全球气候变化的影响，近年来极端天气气候事件也呈增多趋势（丁一汇，2003），众多学者研究发现，中国的极端气温事件出现显著变化。最近 10 年来，气候变暖背景下的极端值和极端事件的变化引起了广泛的关注。过去几十年中，极端低温事件发生频率以及霜冻日数都有减少趋势，在美国（Easterling et al.，2000）、加拿大（Bonsal et al.，2001）都有同样的结果。20 世纪后半叶逐年的极端最高气温与极端最低气温的差异显著减小（Frich et al.，2002），中国近几十年的气候最高气温略有升高，最低气温显著升高，日较差显著变小。在最近 40—50 年中，极端最低气温和平均最低气温趋于升高，尤以北方冬季更为突出（翟盘茂，1997；翟盘茂 等，1997；翟盘茂 等，2003）。

由图 1.19 可以看出，1961—2010 年长江三角洲地区年极端最低气温气候倾向率呈现明显上升趋势。湖州—嘉兴一线以北地区极端最低气温上升趋势较为明显，而太湖以南大部分地区则无明显变化趋势。

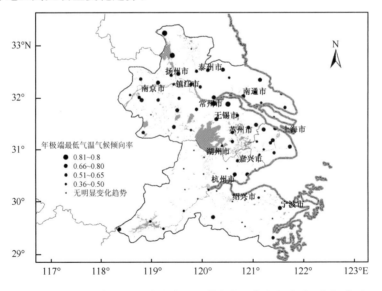

图 1.19　1961—2010 年长江三角洲年极端最低气温气候倾向率（单位：℃/10 a）

由图 1.20 可以看出，大部分站点年极端低温事件日数呈明显下降趋势。湖州—嘉兴以北地区的年极端低温事件日数下降趋势明显，气候倾向率在 −3.4 d/10 a 以下，以南地区下降趋势则相对较为缓和。

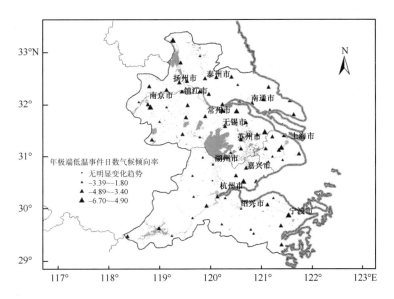

图 1.20 1961—2010 年长江三角洲年极端低温事件日数气候倾向率(单位:d/10 a)

长江三角洲近年来夏季极端高温、热浪等事件愈发频繁。从图 1.21 可以看出,长江三角洲大部分地区年极端最高气温呈明显上升趋势,尤其是长江沿岸与沿海地区,无锡—苏州—上海一带以及杭州—绍兴—宁波一带年极端最高气温升高最快,泰州、南通一带以及杭州以西地区则无明显变化趋势。

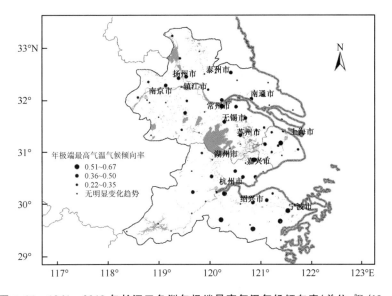

图 1.21 1961—2010 年长江三角洲年极端最高气温气候倾向率(单位:℃/10 a)

通过对长江三角洲地区不同站点年极端高温事件日数变化趋势的统计,发现在 84 个气象观测站中有 39 个站呈现显著上升趋势,44 个站并无明显变化趋势,而只有一个站点出现下降趋势。从年极端高温事件日数呈现增多趋势的站点的空间分布看(图 1.22),城市密集带的年极端高温事件日数增多趋势显著,即无锡—苏州—上海一带,嘉兴—杭州一带以及绍兴—宁波以南地区。城市带区域高温热浪事件的增多对人体健康将产生不良影响,也将为区域能源消耗带来负面影响。

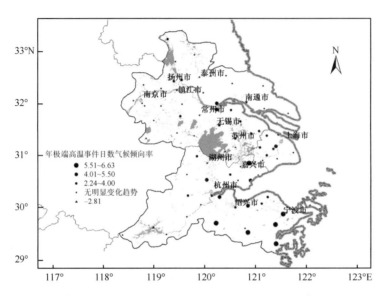

图 1.22　1961—2010 年长江三角洲年极端高温事件日数气候倾向率(单位:d/10 a)

二、极端降水事件

随着全球气候变暖,水循环加剧,全球范围极端降水事件及其导致的灾害呈增多的趋势,极端降水事件是气候变化研究的重要内容之一(任国玉等,2000),在极端降水的研究方面,刘小宁(1999)研究了中国暴雨频数及一日最大降水强度时空分布特征;苏布达 等(2006)发现长江流域极端降水出现了显著增多的趋势,突出表现在中下游地区;谢志清 等(2005)利用长江三角洲地区 80 个台站的逐日降水资料,发现长江三角洲日极值降水分布以 Weibull 分布最为普遍,一次连续降水过程降水以对数正态分布最为普遍。

由图 1.23 可以看出,长江三角洲地区日降水事件 95% 分位值空间分布情况大致为,扬州以北、杭州西南地区较高,在 35 mm 以上,苏州—无锡—常州—嘉兴一带以及绍兴—宁波一带相对较低,在 34 mm 以下。江苏省的南通—无锡—苏州一带形成一片较明显的低值区域,约为 29～32 mm。

从长江三角洲地区的年极端降水量气候倾向率空间分布(图 1.24)上看,大部分地区并无明显变化趋势,在 84 个气象站中仅有 5 个站点呈现明显增大趋势。

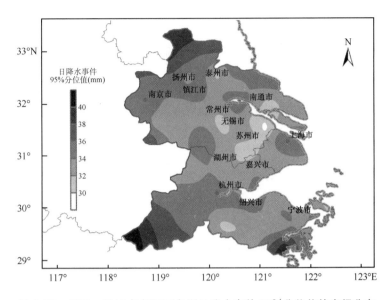

图 1.23　1961—2010 年长江三角洲日降水事件 95% 分位值的空间分布

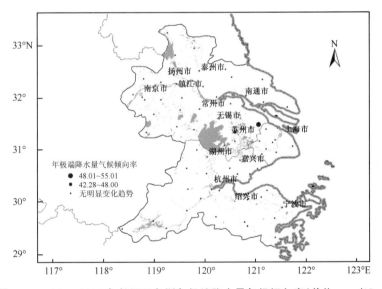

图 1.24　1961—2010 年长江三角洲年极端降水量气候倾向率(单位:mm/10 a)

　　从图 1.25 可以看出,年极端降水日数气候倾向率在空间分布上除去 5 个站点呈现上升趋势外,其余站点均无明显变化趋势。总体上看,年极端降水量和极端降水事件日数气候倾向率无明显变化,呈现上升趋势的个别气象观测站点也不排除可能是由于测站迁移等因素引起的。

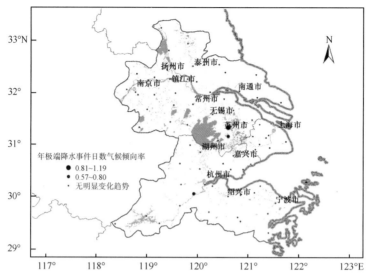

图 1.25　1961—2010 年长江三角洲年极端降水事件日数气候倾向率(单位:d/10 a)

三、热带气旋

专栏

　　强热带风暴:热带气旋中心附近的最大平均风力 10～11 级(风速 24.5～32.6 m/s)。
　　台风:热带气旋中心附近的最大平均风力 12～13 级(风速 32.7～41.4 m/s)。
　　强台风:热带气旋中心附近的最大平均风力 14～15 级(风速 41.5～50.9 m/s)。
　　超强台风:热带气旋中心附近的最大平均风力 16 级或以上(风速≥51.0 m/s)。
　　热带气旋通常在热带地区离赤道平均 3～5 个纬距外的海面(如西北太平洋,北大西洋,印度洋)上形成,其移动主要受到科氏力及其他大尺度天气系统所影响,最终在海上消散或者变性为温带气旋或在登陆陆地后消散。热带气旋的气流受科氏力的影响而围绕着中心旋转。在北半球,热带气旋沿逆时针方向旋转,在南半球则以顺时针旋转。登陆陆地的热带气旋会带来严重的财产损失和人员伤亡,是自然灾害的一种。不过热带气旋亦是大气循环的一个组成部分,能够将热能及地球自转的角动量由赤道地区带往较高纬度;另外,也可为长时间干旱的沿海地区带来丰沛的雨水。

　　研究热带气旋,首先必须明确热带气旋的"影响标准"。该问题看似简单,其实不然。这是因为,对于短期气候的时间尺度月、季、年而言,其对应的空间尺度可能是全球的或半球的。因此,某一区域或地区的气候问题,由于空间尺度相对较小,势必导致时间上的相对快变,即存在相对大的噪音,这正是区域气候预测较全球或半球预测更困难的原因之一。热带气旋对长江三角洲地区的影响有两种类型,一是热带气旋自身环流影响,二是热带气旋与西风带系统共同影响。热带气旋影响的天气主要是暴雨和大风。

冯径贤等(1998)根据翔实的《台风年鉴》(1949—1988 年)和《热带气旋年鉴》(1989—1996 年)资料,客观地确定了影响和严重影响上海、长江三角洲和华东地区的热带气旋标准(表 1.5),并对 1949—1996 年所有影响上海、华东的热带气旋路径分析后,将路径的通道分为:登陆后转向、偏西、近海转向、北上和南下类路径。研究表明:登陆后转向、偏西和近海转向类的热带气旋影响居多,为主要通道。而北上和南下类路径的热带气旋较少,均属异常类路径通道。

表 1.5　　　　　　影响和严重影响上海、长江三角洲及华东地区热带气旋的标准

		过程雨量 A (mm)	平均风力 B (级)	阵风 C (级)	$A+B$	$A+C$	海域
上海	影响	$A \geqslant 50$	$B \geqslant 7$	$C \geqslant 8$	$A \geqslant 30, B \geqslant 6$	$A \geqslant 30, C \geqslant 7$	3 纬距内
	严重影响	$A \geqslant 200$	$B \geqslant 9$	$C \geqslant 10$	$A \geqslant 100, B \geqslant 8$	$A \geqslant 100, C \geqslant 9$	/
长江 三角洲	影响	$A \geqslant 50$	$B \geqslant 7$	$C \geqslant 8$	$A \geqslant 30, B \geqslant 6$	$A \geqslant 30, C \geqslant 7$	/
	严重影响	$A \geqslant 200$	$B \geqslant 10$	$C \geqslant 12$	/	/	/
华东	影响	$A \geqslant 50$	$B \geqslant 7$	$C \geqslant 8$	$A \geqslant 30, B \geqslant 6$	$A \geqslant 30, C \geqslant 7$	/

李永平等(1999)应用表 1.5 标准,分析了近年 48 a(1949—1996 年)热带气旋的概率分布特征,并根据"正常频数出现的概率大于 50%,且最大概率的热带气旋频率值应落入正常区间"的准则,进一步确定了影响上海、长江三角洲及华东地区的全年、台汛(7—9 月)及汛内各月(7、8、9 月)热带气旋正常区间(表 1.6),可见,影响长江三角洲地区的热带气旋频数的正常频数介于上海与华东之间。特别是对于年和台风汛期热带气旋频数,其正常区间的下界即为上海的上界、上界为华东的下界;7、8、9 月热带气旋频数基本与上海相同。

表 1.6　　　　　　　　　　影响地区热带气旋的正常频数区间

	年频数(个)	汛频数(个)	7 月(个)	8 月(个)	9 月(个)
上海	2～4	2～3	0～1	1～2	0～1
长江三角洲	4～6	3～5	0～1	1～2	1～2
华东	6～9	5～7	1～2	2～3	1～2

雷小途和徐一鸣(2001)根据表 1.5 标准,分析了热带气旋频数的月际、年际分布特征及影响的路径和源地分布特征,并整编了《影响华东地区热带气旋气候图集》。得出

如下结论:所有热带气旋的影响均发生在 5—11 月,并集中在台风汛期 7—9 月,且以 8 月为最多;影响的热带气旋大多能达到台风的强度;影响的热带气旋的源地主要分布在 (8°~22°N,125°~151°E)及(19°N,130°E)附近海域;热带气旋频数有持续偏多/偏少的年代际变化,1958—1964 年和 1984—1991 年影响上海的热带气旋频数持续上升、1949—1954 年和 1965—1983 年则持续下降。

江苏省气象台根据影响江苏的热带气旋风雨强度,将热带气旋的影响程度分为 3 个等级(濮梅娟,2001):

(1)最严重影响级:出现特大暴雨(日雨量≥250 mm)或区域性大暴雨(全省有相邻 5~9 站出现 100~249.9 mm 日雨量),伴有大范围大风过程。

(2)严重影响级:出现区域性大暴雨或大范围大风过程。

(3)较轻影响级:出现区域性暴雨(全省有相邻 5~9 站出现 50~99.9 mm 日雨量)或区域性大风过程。

在影响江苏的热带气旋中,严重影响级和最严重影响级都是造成灾害的热带气旋。1949—2000 年,江苏遭受严重影响级以上的热带气旋有 67 个,其中严重影响级 41 个,最严重影响级 26 个(表 1.7)。

表 1.7　　　江苏遭受严重影响级和最严重影响级热带气旋路径和风雨情况表

热带气旋编号	登陆省份	登陆地点	登陆月份	登陆日期	路径类型	降雨等级	大风等级	影响等级
4906	上海	金山	7	25	登陆北上东路	暴雨	大于 8 级	严重
5010	江苏	启东	8	1	正面登陆	大暴雨	6 级	严重
5116					近海活动	大暴雨	大于 8 级	严重
5112	浙江	玉环	9	28	登陆北上东路	暴雨	大于 5 级	严重
5207	浙江	温州	7	19	登陆北上中路	大暴雨	大于 8 级	严重
5216	福建	福清	8	31	登陆北上东路	大暴雨	6 级	严重
5305	福建	莆田	7	4	登陆北上中路	暴雨	大于 8 级	严重
5411	江苏	海门	8	25	登陆北上东路	暴雨	大于 8 级	严重
5612	浙江	象山	8	1	登陆北上中路	暴雨	9~11 级	严重
5622	福建	长乐	9	3	登陆北上中路	大暴雨	7~8 级	严重
5627	福建	惠安	9	23	登陆北上东路	大暴雨	大于 8 级	严重
5822	福建	福鼎	9	4	登陆北上东路	大暴雨	9~10 级	严重
5901	上海	奉贤	7	17	登陆北上东路	大暴雨	大于 8 级	严重
5904	福建	惠安	8	30	登陆北上东路	特大暴雨	9~10 级	最严重
5905	福建	连江	9	4	登陆北上东路	大暴雨	5~6 级	严重
6001	香港	香港	6	9	南海穿出	大暴雨	8 级	最严重

续表

热带气旋编号	登陆省份	登陆地点	登陆月份	登陆日期	路径类型	降雨等级	大风等级	影响等级
6005	山东	乳山	7	28	近海活动	暴雨	8～10级	严重
6007	福建	连江	8	1	登陆北上中路	特大暴雨	8～9级	最严重
6122	福建	晋江	9	12	登陆消失	大暴雨	7～8级	最严重
6126	浙江	三门	10	4	登陆北上东路	大暴雨	8～11级	最严重
6205	福建	福鼎	7	23	登陆北上中路	单点特大暴雨	8～10级	严重
6207					近海活动	大雨	10～11级	严重
6208	福建	连江	8	6	登陆北上中路	暴雨	8～12级	严重
6214	福建	连江	9	6	登陆北上中路	特大暴雨	10～12级	最严重
6306	福建	连江	7	17	登陆北上中路	大暴雨、单点特大暴雨	8～9级	最严重
6312	福建	连江	9	12	登陆消失	大暴雨	9～10级	最严重
6510	福建	泉州	7	26	登陆北上中路	大暴雨	7～8级	严重
6513	福建	福清	8	20	登陆北上东路	特大暴雨	12级	最严重
6615	福建	霞蒲	9	7	登陆北上东路	特大暴雨	8～10级	最严重
6911	福建	晋江	9	27	登陆北上中路	大暴雨	8～10级	最严重
7010	福建	莆田	9	8	登陆消失	大暴雨、单点特大暴雨	8～9级	严重
7123	福建	连江	9	23	登陆北上中路	大暴雨	10～11级	最严重
7207	浙江	平阳	8	2	登陆北上中路	大暴雨	6～8级	严重
7209	浙江	平阳	8	17	登陆消失	暴雨	9～11级	最严重
7412	福建	惠安	8	11	登陆北上中路	特大暴雨	7～8级	最严重
7503	福建	晋江	8	4	登陆北上西路	大暴雨	8级	严重
7504	浙江	温岭	8	12	登陆北上中路	大暴雨、单点特大暴雨	7～9级	严重
7704	福建	福清	7	25	登陆北上中路	暴雨	7～9级	严重
7707	台湾	台中	8	22	近海活动	大暴雨	6级	严重
7708	上海	崇明岛	9	11	正面登陆	大暴雨	10～11级	最严重
7909					近海活动	大雨	8～10级	严重
7910	浙江	舟山普陀	8	24	近海活动	大雨	8～9级	严重
8012	福建	福清	8	28	登陆北上东路	大暴雨	无大风	严重

热带气旋编号	登陆省份	登陆地点	登陆月份	登陆日期	路径类型	降雨等级	大风等级	影响等级
8114	浙江	嵊泗	9	1	近海活动	大雨	10~11级	严重
8116	广东	陆丰	9	22	登陆北上中路	大暴雨	大于8级	严重
8209	福建	莆田	7	29	登陆北上西路	大雨	7~9级	严重
8211					近海活动	中雨	大于8级	严重
8406	江苏	如东	7	31	正面登陆	特大暴雨	8~10级	最严重
8506	浙江	玉环	7	30	登陆北上东路	特大暴雨	8~10级	最严重
8509	江苏	启东	8	18	正面登陆	大暴雨	11~12级	最严重
8707	浙江	瓯海	7	27	登陆北上中路	暴雨	10~11级	最严重
8909	浙江	象山	7	21	登陆北上中路	暴雨	8~10级	严重
8913	上海	川沙	8	4	正面登陆	大暴雨	9~11级	最严重
8923	浙江	温岭	9	15	登陆北上中路	特大暴雨	8~9级	最严重
9005	福建	福鼎	6	24	登陆北上东路	暴雨	10~11级	最严重
9015	浙江	椒江	8	31	登陆北上东路	特大暴雨	10~11级	最严重
9017	福建	霞蒲	9	4	登陆消失	大暴雨	5~6级	严重
9018	福建	晋江	9	8	登陆消失	大暴雨	5~6级	严重
9216	福建	长乐	8	31	登陆北上中路	大暴雨	8~9级	最严重
9219	浙江	平阳	9	23	登陆北上东路	暴雨	8~9级	严重
9414	江苏	如东	8	13	正面登陆	暴雨	8~10级	严重
9415	山东	乳山	8	15	近海活动	近海活动	6~7级	严重
9430					近海活动	单点特大暴雨	8级	严重
9507	浙江	玉环	8	25	近海活动	大雨	6~7级	严重
9608	福建	福清	8	1	登陆消失	阵雨	8~10	严重
9711	浙江	温岭	8	18	登陆北上中路	特大暴雨	10~12级	最严重
0012					近海活动	特大暴雨	8~9级	最严重

从表1.8可以看出,20世纪50年代到90年代,江苏省严重影响级以上的热带气旋数以50、60年代最多,70—90年代没有明显变化,以60年代江苏省的最严重影响级热带气旋数最多,为10个,50年代最少,仅为1个。

表 1.8 不同年代江苏遭受严重影响级和最严重影响级热带气旋次数

时段	严重影响级热带气旋数（个）	最严重影响级热带气旋数（个）	合计数（个）
1950—1959 年	13	1	14
1960—1969 年	5	10	15
1970—1979 年	8	4	12
1980—1989 年	6	6	12
1990—1999 年	8	4	12

四、雾、霾

专栏

雾：大量微小水滴或冰晶浮游空中，常呈乳白色，使水平能见度小于 1.0 km。
根据雾的浓度可分为五个等级：

轻雾　1.0 km≤能见度<10.0 km

大雾　0.5 km≤能见度<1.0 km

浓雾　0.2 km≤能见度<0.5 km

强浓雾　0.05 km≤能见度<0.2 km

特强浓雾　能见度<0.05 km

雾是一种灾害性天气，被国际上列为十大灾害天气之一。雾天由于存在"逆温层"，大气层结很稳定，空气中的尘埃和其他污染气体不容易扩散，常造成严重的污染，直接危害人体健康；大雾等级以上的雾天，由于能见度低，对航空、海运、河运和高速公路交通具有极大的危害。

随着社会经济的发展，雾的危害愈来愈突出。由于雾中能见度低，常造成水、陆、空运输重大事故；受到大气污染的输变电设备外绝缘，雾天常发生雾闪，造成停电事故；雾及雾日的逆温，不仅使污染物积聚，而且使污染物在雾中发生物理化学反应，形成比原污染物毒性大得多的新物质，加剧大气污染的危害。比如二氧化硫在大气中被氧化与雾滴结合成硫酸盐气溶胶，毒性可提高 10 倍以上。最大的危害是，它不仅引起并加重呼吸器官疾病，而且还会损害心脏。因此，雾作为一种灾害性天气现象受到了广泛的关注。20 世纪 80 年代以来，随着中国国民经济的发展，交通运输量突飞猛进，由雾造成的经济损失也愈来愈突出，与此同时，雾害问题的研究也受到了高度重视。

雾是江苏最常见的灾害性天气，从 1961—2010 年江苏省历年雾日来看，常年平均值为 32.9 d(1981—2010 年),最大值年为 1982 年 50 d。东部沿海与河网地区以及沿江和苏南地区,年雾日数相对较多,一般都在 30～64 d;低值区在 14～20 d,主要在西北部地区(图 1.26)。其中从各区域常年平均雾日来看,江淮地区最多(35.2 d),淮北次之(32.5 d),苏南最少(30.0 d)。从历年雾日历史演变趋势来看,从 20 世纪 60 年代相对偏少,70 年代中期开始上升,至 90 年代初为一段偏多时期,90 年代中期开始明显下降,近十几年大多年份相对偏少(图 1.27)。

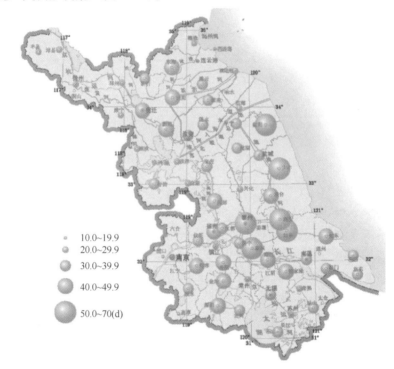

图 1.26   1961—2010 年江苏省历年雾日空间分布

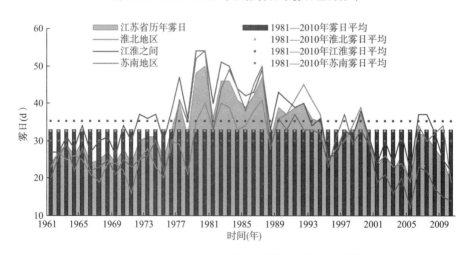

图 1.27   1961—2010 年江苏省雾日历史演变趋势

田心如(2009)对江苏省的雾天气特征及其变化进行了研究,结果表明:四季中以秋季雾最多,冬、春季次之,夏季最少。雾多发生在 06 时前后,常常在 08—09 时消散。雾的形成及变化原因复杂,近十几年来,江苏省年平均雾日数偏少,但冬季雾日数却总体偏多,尤其是大雾明显增多,而且持续时间显著增长,危害日趋严重。2006年 12 月 24—27 日,罕见的持续大雾影响江苏省,南京雾持续时间为 51 h,为 1951 年来之最。

从 1961—2010 年江苏省历年霾日来看,常年平均值为 15.1 d(1981—2010 年),最大值年为 2008 年 43 d。霾的高值区主要在苏南,一般在 10~30 d,其中南京达 70 d,为全省之冠,这与苏南地区特别是南京城市化发展迅速,工业化进程快有密切的关系。此外,淮北部分地区也相对较高,在 10~20 d,其他大部分地区在 10 d 以下。(图 1.28)。其中从各区域常年平均霾日来看,苏南地区最多(17.1 d),江淮次之(16.8 d),淮北最少(10.9 d)。从历年霾日历史演变趋势来看,霾有明显的逐年上升趋势,特别是近几年是历史最高的几年。霾的上升趋势与经济发展和城市化进程加快致使空气质量下降有关。(见图 1.29)。

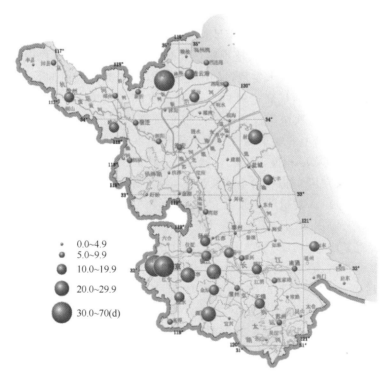

图 1.28 1961—2010 年江苏省历年霾日空间分布

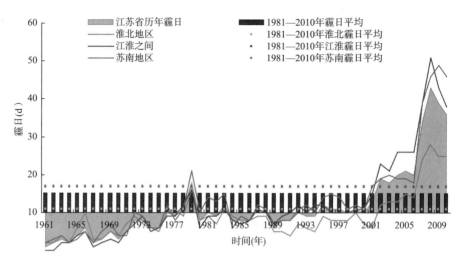

图 1.29 1961—2010 年江苏省霾日历史演变趋势

五、近年来典型极端天气气候事件

2006 年大雾:在 2006 年 12 月 24 日长江中下游和华南已出现大片轻雾和雾区,12 月 25 日安徽、江苏、河南出现大范围雾区。12 月 24—27 日雾过程中,发现一些罕见的、中外对城市雾观测中从未发现过的一些特征,如浓雾连续时间长达 40 余小时,雾顶多维持在 450 m 以上,最高达到 943 m,雾水酸,呈酱油色,离子浓度高;发生发展过程中,爆发性增强。这次浓雾过程给江苏带来特别大的危害。当雾爆发性增强时,宁靖盐高速公路兴泰段上 8 辆车发生严重追尾翻车事故,造成 7 人死亡 5 人受伤。两艘 4000 t 船在长江南京段相撞,造成"宣城货 3859"沉没,4 人落水。南京所有高速公路全线封闭,长江南京段实施双向全辖段禁航,3000 余艘船舶在长江南京段抛锚。受浓雾影响,南京禄口机场被迫关闭长达 38 h。持续的浓雾不仅造成交通拥堵,也让南京各大医院"爆棚"。据 12 月 27 日《扬子晚报》报道,浓雾之后,因哮喘、支气管炎、鼻炎而就诊患者明显增多。江苏省人民医院接诊的突发性心梗、心律失常和心肌炎的病人比平常多了 3 倍,心脏科门诊量超过 500 人次(濮梅娟 等,2008)。

2006 年超强台风"桑美":2006 年 8 月 10 日 17 时 25 分,超强台风"桑美"在浙江省苍南县马站镇登陆,其强度之强、风力之大为百年一遇,是中华人民共和国成立以来登陆中国大陆最强的一个台风。登陆时中心气压 920 hPa,近中心最大风速 60 m/s,创下了多个第一,堪称"台风之王"。据浙江省气象局自动站实时资料显示,浙江苍南霞关附近中尺度自动站出现 68.0 m/s 的大风,这个纪录不仅破了浙江省历史测得最大风速 59.6 m/s,就是在登陆中国大陆的台风实测极大风速中也属十分罕见。"桑美"登陆前,浙江省全省灾前转移近百万人,福建省安全转移人员 56.9 万人。"桑美"有几个特点:强度强,移动速度快,结构紧密,"个头"小但台风眼十分清晰。气象专家认为,"桑美"具备了台风的一切显著特征,是十分"标准"的台风。"桑美"过后,苍南一片狼藉。

渔民所信赖的避风塘内近 23% 的船只沉没,树木被连根拔起的多不胜数,全市 7 万多口渔排网箱全部被毁;福鼎沿海 20 km 之内没有一间房屋幸免于难。浙江省从 10 日 05 时开始降雨,暴雨区主要集中在温州、台州地区,累计雨量大于 100 mm 的站点有 33 个,大于200 mm 的有 13 个站点,大于 300 mm 的有 9 个站点,大于 350 mm 的有 4 个站点:分别是苍南昌禅 466 mm、金乡 379 mm、玉苍山 377 mm、矾山 369 mm。截至 10 日 20 时,100 mm 以上降雨笼罩面积 3512 km²,200 mm 以上降雨笼罩面积为 509 km²,300 mm 以上降雨笼罩面积为 113 km²。10 日晚上,在"桑美"登陆时,温州有记录的过程最大增水是 3.58 m,实际最高的潮位是 6 m 出头,与最后的潮位预测相差 60 cm 左右! 据不完全统计,福建浙江共有近 600 人在这次灾难中遇难,直接经济损失达 196.5 亿元。

　　2007 年太湖蓝藻大爆发:2007 年 5 月 29 日开始,无锡市城区的大批市民家中自来水水质突然发生变化,并伴有难闻的气味,无法正常饮用。各方监测数据显示:入夏以来,无锡市区域内的太湖出现 50 年以来最低水位,加上天气连续高温少雨,太湖水富营养化较重,诸多因素导致蓝藻提前大面积暴发,严重的蓝藻污染,让太湖边无锡市 80% 居民的饮用水源遭到污染,城市供水陷于瘫痪,生活用水和饮用水严重短缺,超市、商店里的桶装水被抢购一空。工业污染增多、农业面源污染扩大、城市生活污水直接入湖和渔业养殖规模急速扩张是造成太湖水环境恶化,蓝藻大爆发的主要原因。另外,2007 年前期气象因素也起到了非常重要的触发作用。2007 年 4 月上旬到 5 月中旬各旬平均气温均比常年同期偏高 0.4～2.5 ℃;5 月中旬平均气温达到 22.5 ℃,比常年同期偏高了 2.5 ℃;5 月上、中旬降水量比常年偏少了 76%～81%,雨日偏少 2～4 d,日照时数偏多 28～35 h;5 月 14 日开始入夏,比常年提前了 18 d,入夏后气温一直稳定在 22℃以上,日照总时数比常年同期偏多 60 h;由此可见,气温异常偏高、日照多、降水少等多种气象要素的综合作用是造成 2007 年太湖蓝藻提前于 5 月下旬末就暴发的主要天气原因(任健等,2008)。

第三节　未来气候变化趋势

专栏

　　联合国政府间气候变化专门委员会(Intergovernmental Panel on Climate Change,IPCC)成立于 1988 年,由世界气象组织(WMO)和联合国环境规划署(UNEP)联合组建,对联合国和 WMO 的全体会员开放。

IPCC 的作用是在全面、客观、公开和透明的基础上，评估与理解人为引起的气候变化，这种变化的潜在影响以及适应和减缓方案的科学基础有关的科技和社会经济信息。

IPCC 已发布了 4 次评估报告。报告提供有关气候变化、其成因、可能产生的影响及有关对策的全面的科学、技术和社会经济信息。

在 1990 年发表的首份评估报告中，IPCC 为人们指明了气温升高的危险。这份报告推动了联合国环境与发展大会 1992 年通过《联合国气候变化框架公约》。该公约是世界上第一个旨在全面控制二氧化碳等温室气体排放、应对全球气候变暖给人类经济和社会带来不利影响的国际公约。

在 1995 年的第二份报告中，IPCC 认为，"证据清楚地表明人类对全球气候的影响"。

在 2001 年的第三份报告中，IPCC 表示，有"新的、更坚实的证据"表明人类活动与全球气候变暖有关，全球变暖"可能"由人类活动导致，"可能"表示 66% 的可能性。

在 2007 年第四份报告中，IPCC 表示，全球气候系统的变暖已经是不争的事实，这一现象很可能是人类活动导致温室气体浓度增大所致，"很可能"意味着结论的可靠性在 90% 以上。如果不采取行动，人类活动导致的气候变化可能带来一些"突然的和不可逆的"影响（IPCC，2007）。

排放情景

1. SRES 情景

为了预估未来全球和区域的气候变化，必须事先提供未来温室气体和硫酸盐气溶胶的排放情况，即所谓的排放情景（Special Report on Emissions Scenarios，SRES）。排放情景通常是根据一系列因子假设而得到（包括人口增长、经济发展、技术进步、环境条件、全球化、公平原则等）。对应于未来可能出现的不同社会经济发展状况，通常要制作不同的排放情景。到目前为止，IPCC 先后发展了两套温室气体和气溶胶排放情景，即 IS92 和 SRES 排放情景。SRES 排放情景于 2000 年提出，主要由 4 个框架组成：

A1 框架和情景系列。经济快速增长，全球人口峰值出现在 21 世纪中叶，随后开始减少，未来会迅速出现新的和更高效的技术。它强调地区间的趋同发展和能力建设，文化和社会的相互作用不断增强，地区间人均收入差距持续缩小。

A2 框架和情景系列。该系列描述的是一个发展极不均衡的世界。其基本点是自给自足和地方保护主义，地区间的人口出生率很不协调，导致人口持续增长，经济发展主要以区域经济为主，人均经济增长与技术变化日益分离，低于其他框架的发展速度。

B1 框架和情景系列。该系列描述的是一个经济结构向服务和信息经济方向快速调整的世界,材料密度降低,引入清洁、能源效率高的技术。其基本点是在不采取气候行动计划的条件下,在全球范围更加公平地实现经济、社会和环境的可持续发展。

B2 框架和情景系列。该系列描述的世界强调区域经济、社会和环境的可持续发展。全球人口以低于 A2 的增长率持续增长,经济发展处于中等水平,技术变化速率与 A1,B1 相比趋缓,发展方向多样。同时,该情景所描述的世界也朝着环境保护和社会公平的方向发展,但所考虑的重点仅局限于地方和区域一级(IPCC,2007)。

2. RCP 情景

为了进一步预估全球和区域的气候变化事实,在 IPCC 第五次报告中,启用了新的排放情景,即典型浓度路径(Representative Concentration Pathways, RCP),主要包括了 4 种情景:

RCP8.5 情景:假定人口最多、技术革新率不高、能源改善缓慢,所以收入增长慢。这将导致长时间高能源需求及高温室气体排放,而缺少应对气候变化的政策。2100 年辐射强迫上升至 8.5 W/m²。

RCP6.0 情景:反映了生存期长的全球温室气体和生存期短的物质的排放,以及土地利用/陆面变化,导致到 2100 年辐射强迫稳定在 6.0 W/m²。

RCP4.5 情景:2100 年辐射强迫稳定在 4.5 W/m²。

RCP2.6 情景:把全球平均温度上升限制在 2.0 ℃之内,其中 21 世纪后半叶能源应用为负排放。辐射强迫在 2100 年之前达到峰值,到 2100 年下降至 2.6 W/m²。

气候预测:气候预测或气候预报是试图对未来的实际气候演变作出估算,例如季、年际的或更长时间尺度的气候演变。由于气候系统的未来演变或许对初始条件高度敏感。因此,实质上这类预测通常是概率性的(IPCC,2007)。

气候预估:对气候系统响应温室气体和气溶胶的排放情景或浓度情景或响应辐射强迫情景所作出的预估,通常基于气候模式的模拟结果。气候预估与气候预测不同,气候预估主要依赖于所采用排放/浓度/辐射强迫情景,而预测则基于相关的各种假设,例如未来也许会或也许不会实现的社会经济和技术发展,因此,具有相当大的不确定性。

在利用气候模式进行长江三角洲地区气候模拟研究方面的报道并不多。刘洪利等(2003)利用模式模拟了长江三角洲地区地面特征改变对气候的影响。模拟结果显示,如果长江三角洲地区植被退化,将会使得当地的季风增强,气温年变化幅度增大,空气也会变得比较干燥;大面积的城市化,会引起比较强的城市热岛效应,使低层大气的环流结构发生变化。张增信等(2008)利用 ECHAM5/MPI-OM 模式数据分析表明:2001—2050 年,IPCC 3 种不同 CO_2 排放情景下,长江三角洲地区年降水与极端降水变化并不一致,年降水都出现明显的下降趋势,但极端降水却增多显著,尤其中等排放情景下,21 世纪 20 年代年降水量锐减,但极端降水迅速增多。

一、数据来源和方法

气候模式在气候变化预估中起着十分重要的作用,是预估未来气候变化趋势所依靠的主要计算工具。气候模式预估方法基于控制气候系统变化的物理定律的数理方程,用数值方法对之进行求解,以得到未来气候变化的方法。目前主要利用海—气耦合模式、中等复杂程度地球系统模式以及简单气候模式等,预估不同温室气体和气溶胶排放情景下的未来气候变化。

利用国家气候中心提供的不同分辨率的全球气候系统模式的模拟结果(表1.9),这些模式为IPCC第四次评估报告所采用,经过插值降尺度计算,将其统一到同一分辨率下。对其在东亚地区的模拟效果进行检验,利用可靠性加权平均进行多模式集合(张建云 等,2007;徐影,2008),制作而成一套1901—2050年月平均资料。利用这套资料,对长江三角洲未来40年(2011—2050)年温度、降水情况进行预估。

表 1.9　　　　　　　　　　　　全球气候模式名称

模式	国家
BCRR_CM2_0	挪威
CCCMA_3	加拿大
CNRMCM3	法国
CSIRO_MK3	澳大利亚
GFDL_CM2_0	美国
GFDL_CM2_1	美国
GISS_AMO	美国
GISS_E_H	美国
IAP_FGOALS	中国
INMCM3	俄罗斯
IPSL_CM4	法国
MIROC3_H	日本
MIROC3	日本
MIUB_ECHO_G	德国/韩国
MPI_ECHAM5	德国
MRI_CGCM2	日本
NCAR_CCSM3	美国
UKMO_HADCM3	英国

3 种不同排放情景中 SRES-A1B 所使用到的模式有 17 种,SRES-A2 模式有 16 种,SRES-B1 模式有 17 种(表 1.10)。

表 1.10 　　　　　　　　　3 种排放情景下所使用的不同气候模式

SRES-A1B 情景	SRES-A2 情景	SRES-B1 情景
CCCMA_3	BCCR_BCM2_0	BCCR_BCM2_0
CNRMCM3	CCCMA_3	CCCMA_3
CSIRO_MK3	CNRMCM3	CNRMCM3
GFDL_CM2_0	CSIRO_MK3	CSIRO_MK3
GFDL_CM2_1	GFDL_CM2_0	GFDL_CM2_0
GISS_AOM	GFDL_CM2_1	GISS_AOM
GISS_E_H	GISS_E_R	GISS_E_R
IAP_FGOALS	INMCM3	IAP_FGOALS
INMCM3	IPSL_CM4	INMCM3
IPSL_CM4	MIROC3	IPSL_CM4
MIROC3_H	MIUB_ECHO_G	MIROC3_H
MIROC3	MPI_ECHAM5	MIROC3
MIUB_ECHO_G	MRI_CGCM2	MIUB_ECHO_G
MPI_ECHAM5	NCAR_CCSM	MPI_ECHAM5
MRI_CGCM2	NCAR_PCM1	MRI_CGCM2
NCAR_CCSM	KMO_HADCM3	NCAR_CCSM
UKMO_HADCM3		UKMO_HADCM3

二、多模式集合预估

1. 气温预估

在 SRES-A1B、SRES-A2、SRES-B1 三种不同排放情景下,分别对 2001—2050 年多个气候模式的气温结果平均值进行比较,结果显示,3 种情景下年和四季气温均有明显上升,其中 SRES-A1B 情景下气温上升最显著,年平均气温气候倾向率达 0.35 ℃/10 a,SRES-A2 次之,为 0.25 ℃/10 a,SRES-B1 最小,为 0.21 ℃/10 a。在年内分配上,SRES-A1B 和 SRES-A2 情景下冬季气温上升趋势最为显著,SRES-B1 情景下春季气温上升最显著(表 1.11)。

表 1.11 不同 SRES 情景下 2001—2050 长江三角洲气温气候倾向率 (单位:℃/10 a)

排放情景	年	春季	夏季	秋季	冬季
SRES-A1B	0.35	0.32	0.36	0.33	0.37
SRES-A2	0.25	0.23	0.24	0.24	0.30
SRES-B1	0.21	0.23	0.20	0.20	0.20

根据不同情景下 1961—2050 年多个气候模式模拟结果显示,3 种情景中任意一种模式模拟出的气温均呈现上升趋势,且均通过 0.01 显著性检验。俄罗斯的 INMCM3 模式气温升高幅度最大,在 SRES-A1B 情景下气温气候倾向率达 0.31 ℃/10 a,SRES-A2 情景下为 0.36 ℃/10 a,SRES-B1 情景下为 0.27 ℃/10 a。但模式的集合平均值表明,1961—2050 年 SRES-A1B 情景下气温上升幅度最大,气候倾向率为 0.24 ℃/10 a,SRES-A2 情景下次之,为 0.21 ℃/10 a,SRES-B1 情景下最小,为 0.19 ℃/10 a。对比发现,进入 21 世纪之后增温趋势更加明显(图 1.30)。

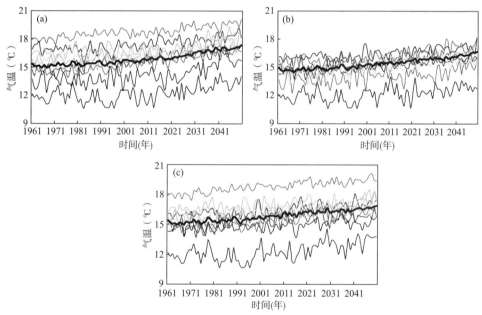

图 1.30 1961—2050 年长江三角洲多模式模拟气温变化
(a.SRES-A1B 情景,b.SRES-A2 情景,c.SRES-B1 情景)

2. 降水预估

预估未来 50 年降水量结果表明,长江三角洲降水将不会呈现明显的增加或者减少的变化趋势。

根据 1961—2050 年多个气候模式模拟结果显示,在 SRES-A1B 情景下,17 个气候模式中,有 11 个模式模拟的降水序列呈弱增加趋势(其中 3 个模式模拟结果通过显著性检验），在 SRES-A2 情景下，16 个气候模式中有 7 个（其中 3 个模式模拟结果通过显著性检验），在 SRES-B1 情景下，17 个模式中有 13 个（其中 2 个模式模拟结果通过显著性检验）。SRES-A1B 和 SRES-A2 排放情景中，加拿大的 CCCMA_3 模式的降水量增大最显著，SRES-B1 情景下则是俄罗斯的 INMCM3 模式降水量增幅最大。模式的集合平均值表明，1961—2050 年 SRES-B1 情景下年降水量呈显著增大趋势（通过 0.05 显著性检验），其气候倾向率为 3.76 mm/10 a（图 1.31）。

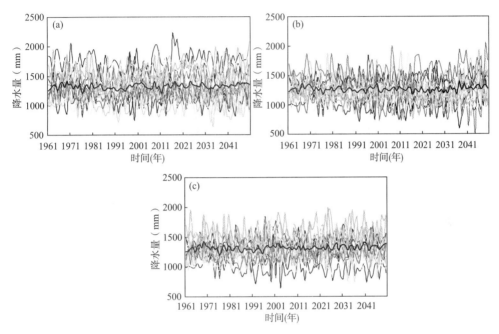

图 1.31　1961—2050 年长江三角洲降水量变化
（a. SRES-A1B 情景，b. SRES-A2 情景，c. SRES-B1 情景）

三、ECHAM5 模式预估

通过比较 ECHAM5 模式及多模式集合模拟情况表明，ECHAM5 模式对年平均气温及其年际变率的模拟与观测数据最接近，而且更好地把握了降水量的年际变率，且对降水量的季节内分配模拟较好。为了进一步分析长江三角洲的月气温和降水情况及极端事件的特征，选用德国马普气象研究所全球大气环流模式 MPI-ECHAM5 的模拟结果进行趋势分析（刘绿柳 等，2009）。

1. 月气温与降水

根据 ECHAM5 气候模式预估数据，2001—2050 年长江三角洲各月气温变化除 SRES-B1 模式下 3 月气温略有下降外，其余均呈现上升趋势。其中 SRES-A1B 情景下升温最高，SRES-A2 情景下次之，SRES-B1 情景下最小。在 SRES-A1B 情景下，12 个月气温升高趋势均通过 0.05 显著性检验；SRES-A2 情景下，4、5、7、8、10、11 月和 SRES-

B1 情景下 4、7、10 月气温升高趋势显著,其余月份气温升高趋势并不显著(图 1.32)。

ECHAM5 模式预估的长江三角洲逐月降水变化趋势在 3 种情景下的结果并不一致。SRES-A1B 情景下,1、2、4、10、11 月降水略有减少,其余月份降水略有增多,其中 11 月降水减少趋势,通过 0.05 显著性检验,其他月份的变化趋势并不显著;SRES-A2 情景下,降水变化趋势均不显著,3、4、6 月降水有略下降趋势,其他月份降水略有升高;SRES-B1 情景下,1、4、5、8、9 月降水呈现略有下降趋势,其他月份降水则略有升高,然而所有月份变化趋势都未通过统计检验(图 1.33)。

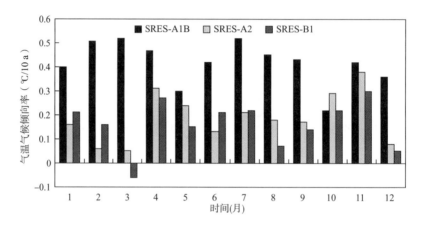

图 1.32　2001—2050 年长江三角洲三种排放情景下各月气温变化趋势

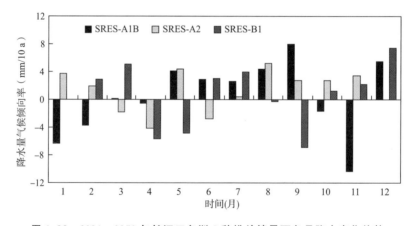

图 1.33　2001—2050 年长江三角洲 3 种排放情景下各月降水变化趋势

2. 极端强降水

1951—2000 年 50 a 一遇日降水量最大值如图 1.34 所示,长江三角洲 50 a 一遇日降水量最大值由北向南呈现高—低—高的空间分布情况。北部泰州以北地区强度最大,达到 110 mm/d,中部南京—常州以南和湖州—上海以北地区以及东南角宁波以南地区强度最小,在 90 mm/d 以下。

模式预估结果显示,2001—2050 年 50 a 一遇日降水量最大值的空间分布同前 50 年相比出现明显变化(图 1.35),高值区出现在南通以北地区,在 130 mm/d 以上,西南角桐庐以西地区数值最小,在 90 mm/d 以下。

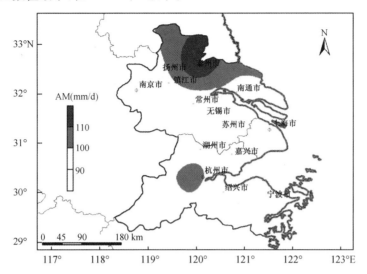

图 1.34　1951—2000 年长江三角洲 50 年一遇日降水量最大值

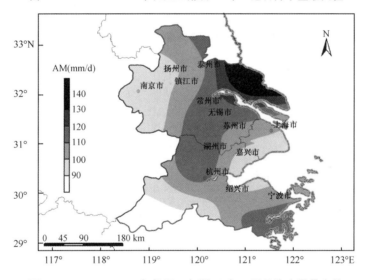

图 1.35　2001—2050 年长江三角洲 50 年一遇日降水量最大值

四、新情景下预估

运用区域气候模式 CCLM 输出的长三角地区未来的逐日气温降水数据预估未来长三角地区气候在新的气候评估情景 RCP4.5 下的变化趋势。区域气候模式 CCLM 是由德国波茨坦气候影响研究所(PIK)基于德国气象局的 LM 发展而来的区域气候模式,利用动力降尺度的技术,以全球模式 ECHAM6 的输出结果作为边界条件模拟,分辨率达到 0.5°,时间序列预估到 2040 年。

图 1.36 给出利用 CCLM 模式输出结果预估的 2010—2040 年长三角地区 RCP4.5 情景下平均气温的变化趋势,可见在未来长三角地区平均气温仍是保持上升的趋势,气象倾向率为 0.24 ℃/10 a。由图 1.37 可以看出,未来长江三角洲地区每个季节的气候变化趋势,其中春季的升高趋势最小,只有 0.16 ℃/10 a,而冬季的升高趋势较快,达到了 0.39 ℃/10 a,而夏秋季节则次之。图 1.38 给出的是预估的 2010—2040 平均气温的空间分布,可以看出长江三角洲地区年平均气温未来仍然呈现由北向南,逐步递增的纬向分布特征。扬州—南通一线以北地区气温较低,东南沪杭地区以及南京附近气温较高。

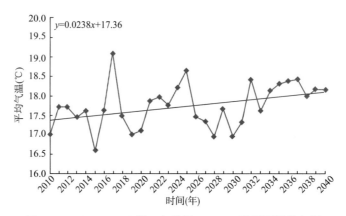

图 1.36 2010—2040 长三角地区 RCP4.5 情景下平均气温

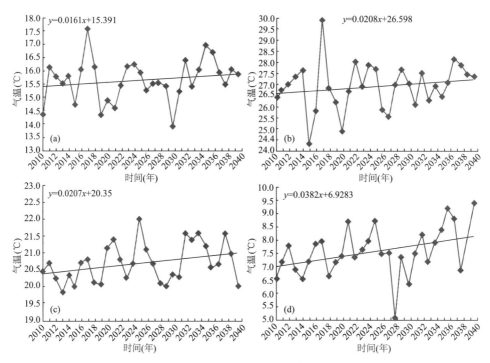

图 1.37 2010—2040 长三角地区 RCP4.5 情景下各季节平均气温

（a. 春季,b. 夏季,c. 秋季,d. 冬季）

图 1.39 是 2010—2040 年长江三角洲地区平均气温变化倾向率的空间分布,呈现出自东北向西南增大趋势,大致纬度总体上沿海地区的升高趋势较同纬度地区的内陆地区稍低。

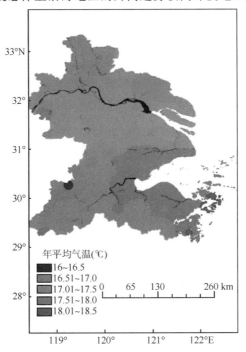

图 1.38　2010—2040 长三角地区 RCP4.5 情景下平均气温空间分布

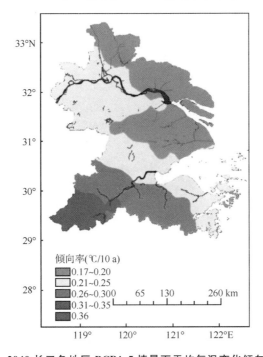

图 1.39　2010—2040 长三角地区 RCP4.5 情景下平均气温变化倾向率空间分布

图 1.40 是对年降水量的预估,可见未来长江三角洲地区年降水量总体并没有明显的变化趋势,但年和年际的差距较大,最少年份只有 600 mm,最大年份达到 1600 mm。图 1.41 给出长三角地区未来年降水量的空间分布,总体上呈现自北向南递增的趋势。最大值出现在浙江西部山区和东部沿海地区,可以超过 1300 mm,最小值在扬州—南通一线以北地区,不到 900 mm。

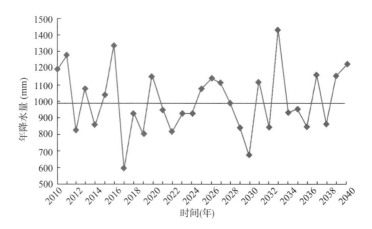

图 1.40　2010—2040 长三角地区 RCP4.5 情景下年降水

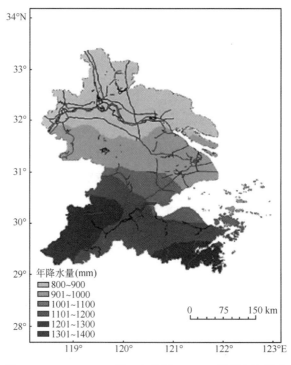

图 1.41　2010—2040 长三角地区 RCP4.5 情景下年降水

小结

对长江三角洲地区内 84 个气象站 1961—2010 年的气象观测数据分析后发现,该区域年平均气温呈现明显升高趋势,气候倾向率达到 0.29 ℃/10 a。从各季节来看,冬季气候倾向率最大,春、秋次之,夏季变化不明显。同时,年均最低和最高气温上升趋势明显,四季的最低、最高气温均有不同程度的上升,空间分布上呈现与该区域内四大城市群一致的"之"字形分布。年降水量在近 46 年中年际变化不大,其气候倾向率变化不明显,但冬季降水量呈显著上升趋势,秋季则显著下降。年日照时数呈减少趋势,尤以夏冬两季减少最为显著,伴随着近年来夏季热浪高温、极端气候事件愈加频繁。

利用国家气候中心提供的多个不同分辨率的全球气候系统模式的模拟结果,经过插值降尺度计算、可靠性加权平均等进行多模式集合,制作成一套 1901—2100 年在 A1B、A2 和 B1 三种排放情景下的月平均资料。对长江三角洲地区 2001—2050 年的气温、降水情况进行预估结果表明,3 种情景下年和四季气温均有明显上升,其中 A1B 情景下气温上升最显著,年平均气温气候倾向率达到 0.35 ℃/10 a,A2 情景次之,为 0.25 ℃/10 a,B1 情景下最小,为 0.21 ℃/10 a,较 20 世纪的后期 40 年,21 世纪的升温趋势更加明显。与年均气温不同,长江三角洲区域降水将无明显变化趋势,仅 B1 情景下的年降水量在 2001—2050 呈显著增大。由于 ECHAM5 模式较多模式集合平均对长江三角洲的气温、降水模拟结果更好,本研究采用此模式模拟了长江三角洲地区的月气温、降水量及极端气候事件特征,发现 2001—2050 年长江三角洲各月气温变化除 B1 情景下 3 月气温略有下降外,其余均呈上升趋势。ECHAM5 模式预估的长江三角洲逐月降水变化趋势在 3 种情景下的结果并不一致,呈现不同的波动。2001—2050 年较 1951—2000 年极端强降水的分布不再符合自北向南高—低—高的分布,不仅高值区扩大,覆盖了以前的低值区,而且强度由 110 mm/d 增大到 120 mm/d 以上。在新情景下,2010—2040 年长江三角洲地区的平均气温仍然将保持升高趋势,各个季节中以冬季增长速度最快,降水则没有明显的趋势变化,但是年与年的差距较大。

参考文献

邓自旺,丁裕国,陈业国,2000.全球气候变暖对长江三角洲极端高温事件概率的影响[J].南京气象学院学报,**23**(1):42-47.

丁一汇,2003.气候系统的演变及其预测[M].北京:气象出版社.

冯径贤,杨自植,邓之派,1998.影响上海市及长江三角洲地区热带气旋气候规律的研究[J].大气科学研究与应用,**1**(14):36-41.

何剑锋,庄大方,2006.长江三角洲地区城镇时空动态格局及其环境效应[J].地理研究,**25**(3):388-396.

贾金明,吴建河,徐巧真,等,2007.河南日照变化特征及成因分析[J].气象科技,**35**(5):655-660.

蒋薇,2009.长江三角洲地区近47年来气候变化及其影响因子研究[D].兰州:兰州大学.

金龙,缪启龙,周桂香,等,1999.近45年长江三角洲气候变化及主要气象灾害分析[J].南京气象学院学报,**22**(4):698-704.

雷小途,徐一鸣,2001.影响上海、长江三角洲及华东地区热带气旋频数的短期气候预测[J].海洋通报,**20**(3):15-28.

李永平,冯径贤,杨自植,1999.影响华东热带气旋与北太平洋海表温度异常的关系[J].大气科学研究与应用,**1**(16):1.

刘春玲,许有鹏,张强,2005.长江三角洲地区气候变化趋势及突变分析[J].曲阜师范大学学报,**31**(1):110-114.

刘晶淼,周秀骥,余锦华,等,2002.长江三角洲地区水和热通量的时空变化特征及影响因子[J].气象学报,**60**(2):139-145.

刘绿柳,姜彤,原峰,2009.珠江流域1961—2007年气候变化及2011—2060年预估分析[J].气候变化研究进展,**5**(4):209-214.

刘小宁,1999.我国暴雨极端事件的气候变化特征[J].灾害学,**14**(1):54-59.

濮梅娟,2001.江苏省决策气象服务手册[M].北京:气象出版社.

濮梅娟,张国正,严文莲,等,2008.一次罕见的平流辐射雾过程的特征[J].中国科学 D 辑,**38**(6):776-783.

秦丽云,2006.长江三角洲地区主要生态环境问题与对策[J].灌溉排水学报,**25**(3):75-78.

任国玉,郭军,徐铭志,等,2005.近50年中国地面气候变化基本特征[J].气象学报,**63**(6):942-952.

任国玉,吴虹,陈正洪,2000.我国降水变化趋势的空间特征[J].应用气象学报,**11**(3):322-330.

任健,蒋名淑,商兆堂,等,2008.太湖蓝藻暴发的气象条件研究[J].气象科学,**28**(2):221-226.

苏布达,姜彤,任国玉,等,2006.长江流域1960—2004年极端强降水时空变化趋势[J].气候变化研究进展,**2**(1):9-14.

田心如,2009.江苏省高影响性大雾天气特征及变化成因研究[D].南京:南京大学.

谢志清,杜银,曾燕,等,2007.长江三角洲城市带扩展对区域温度变化的影响[J].地理学报,**62**(7):717-727.

谢志清,姜爱军,杜银,等,2005.长江三角洲强降水过程年极值分布特征研究[J].南京气象学院学报,**28**(2):267-274.

徐影,2008.中国地区气候变化预估产品简介[J].气候变化研究进展,**4**(6):373-375.

翟盘茂,潘晓华,2003.中国北方近50a温度和降水极端事件变化[J].地理学报,**58**(增):1-10.

翟盘茂,任福民,1997.中国近四十年最高最低温度变化[J].气象学报,**55**(4):418-492.

张建云,王国庆.2007.气候变化对水文水资源影响研究[M].北京:科学出版社.

张增信,栾以玲,姜彤,等,2008.长江三角洲极端降水趋势及未来情景预估[J].南京林业大学学报(自然科学版)[J],**32**(3):5-8.

周秀骥,2004.长江三角洲低层大气与生态系统相互作用研究[M].北京:气象出版社.

Bonsal B R,Zhang X B,Vincent L A,et al. ,2001.Characteristics of daily and extreme temperature over Canada[J].J of Climate,**5**(14):1959-1976.

Chen L X,Zhu W Q,Zhou X J,2000.Characteristics of environmental and climate change in Changjiang Delta and its possible mechanism[J].Acta Meteor Sinica,**14**(2):129-140.

Easterling D R,Evana J L,Grosman P Y,et al,2000.Observed variability and trends in extreme climate events：A brief review[J]. Bull Amer Meteor Soc,**81**(3)：417-425.

Frich P,Alexander L V,Della-Marta P M,et al,2002. Observed coherent changes in climatic extremes during the second half of the 20th century[J]. Climate Res,**19**：193-212.

IPCC,2001. Climate Change,the Scientific Basis,Contribution of Working Group I to the Third Assessment Report of the IPCC 1 Honghton J T,Ding Y. et al. eds. Cambridge：Cambridge University Press.

IPCC,2007. Climate Change 2007-The Physical Science Basis,Contribution of Working Group I to the Forth Assessment Report of the IPCC//S Solomon,Qin D,et al. ,eds. Cambridge：Cambridge University Press：996.

Jones P D,1978,Hemispheric surface air temperature variations：recent trend and an updata to 1978[J]. J Climate,**1**：654-660.

Zhai P M,Sun A J,Ren F M,et al,1999. Changes of climate extremes in China[J]. Climate Change,**42** (1)：203-218.

气候变化对长江三角洲水资源的影响与适应性对策

闻余华(江苏省水文水资源勘测局)

温姗姗　朱娴韵(南京信息工程大学)

王国杰(南京信息工程大学气象灾害预报预警与评估协同创新中心)

引言

　　长江三角洲地区是中国综合实力最强的区域之一,在社会主义现代化建设全局中具有重要的战略地位和突出的带动作用。改革开放以来,长江三角洲地区锐意改革,开拓创新,实现了经济社会发展的历史性跨越,已经成为提升国家综合实力和国际竞争力,带动全国经济又好又快发展的重要引擎。当前,长江三角洲地区处于转型升级的关键时期,从实施国家区域发展总体战略和应对国际金融危机出发,必须进一步增强综合竞争力和可持续发展能力。

　　长江三角洲地区地处长江下游,本地人均水资源量不足全国的三分之一,但其外来过境水量丰富,是本地水资源量的 17 倍,因此,从水资源利用来看,立足长江和钱塘江外来水源,本地区水资源短缺并不明显,而水质型缺水是本地水资源利用存在的突出问题,气候变化对该区域水资源影响主要表现在洪涝和干旱极端事件的频繁出现、水环境恶化以及海平面上升和海水入侵等。

专　栏

水资源、地表水、地下水、云水资源

　　水资源:地球上的水资源,从广义来说是指水圈内水量的总体。水资源是参与全球水循环、对人类有使用价值、具备一定数量和理化质量的水,它的补给来源是大气降水,贮存形式是地表水、地下水和土壤水,包括经人类控制并直接可供灌溉、发电、给水、航运、养殖等用途的地表水和地下水以及土壤水。水资源是发展国民经济不可缺少的重要自然资源。

地表水:是河流、冰川、湖泊、沼泽四种水体的总称,亦称"陆地水"。它是人类生活用水的重要来源之一,是水资源的主要组成部分。

地下水:是贮存于包气带以下地层空隙,包括岩石孔隙、裂隙和溶洞之中的水。地下水由于水量稳定,水质好,是农业灌溉、工矿和城市的重要水源之一。但在一定条件下,地下水的变化也会引起沼泽化、盐渍化、滑坡、地面沉降等不利自然现象。

云水资源:云水资源也是水资源的组织部分,云水资源是指在二元水循环系统中,经过人工措施,水汽从空中水转化为地表水、土壤水和地下水,产生径流,形成可被社会、生态系统和环境等利用的水资源。云水资源由空中水降到陆地上形成三种形式分别为地表水、土壤水和地下水(张泽中 等,2007)。

第一节　水资源现状和未来变化趋势

一、水资源现状

长江三角洲水资源主要由本地水资源和外来水资源两部分组成。本地水资源由本地地表水和地下水两部分组成,本地多年平均地表径流量为 508.4×10^8 m³(表 2.1),其中浙东北约占 70%,江苏部分占 26%,上海市占 4%,地下水 177.71×10^8 m³,其中浙东北约占 49%,江苏部分占 40%,上海市占 11%。本地水资源量 573.79×10^8 m³(扣除地表水和地下水重复计算量),单位面积水资源量丰沛,为 57.6×10^4 m³/km²,但人均水资源量只有 774.9 m³,仅相当全国平均水平(2220 m³)的三分之一。长江三角洲外来水主要是长江过境水,其多年平均过境水量达 9360×10^8 m³,另外钱塘江过境水量为 408×10^8 m³(王华 等,2006),外来过境水量为本地水资源量的 17 倍。长江具有较好的供水条件,即使在枯水年份,也能满足供水要求,如大旱的 1978 年,苏南引江水 112×10^8 m³。另外,上海黄浦江年均进潮量有 409×10^8 m³,是上海本地水量的 22 倍(王颖 等,2010)。

由此可知,长江三角洲地区水资源总量组成中长江过境水量占主导地位。

表 2.1   长江三角洲水资源组成统计

本地水资源量（多年平均） （×10⁸ m³）				外来水资源量 （多年平均） （×10⁸ m³）		外来水资源量/ 本地水资源量 （倍数）
本地水资源	地表水	地下水	重复计算量	长江	钱塘江	17
573.79	508.4	177.71	112.32	9360	408	

二、水资源变化趋势

由于长江三角洲地区主要水资源为长江过境水,因此这里仅分析长江水资源的变化趋势。大通站为长江下游水文控制站,控制流域面积 170.5×10⁴ km²,占长江流域总面积的94.7%。根据长江干流下游控制站大通站1950—2009 年近 60 a 实测流量统计,长江流域多年年平均流量为 28800 m³/s,在 20 世纪 50 年代平均流量为 29680 m³/s,高于多年平均值,60、70 年代低于多年平均值,80 年代 28460 m³/s,接近多年平均,90 年代平均流量 31820 m³/s,大大高于多年平均值,特别是 1998 年为 53500 m³/s,达到最大值,2000 年以来出现减小趋势,年平均流量为 26724 m³/s,低于多年均值(图 2.1)。

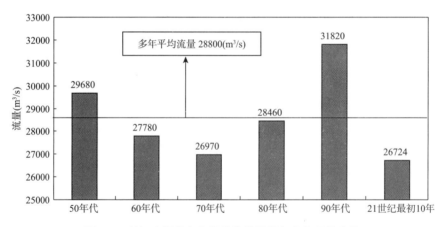

图 2.1　长江大通站各年代平均流量及与多年平均比较

从长江大通站历年平均流量变化来看(图 2.2,曲线为年平均流量,直线为线性趋势),大通站流量围绕均值上下波动,变化的线性趋势不显著,总体呈下降趋势。

差积曲线是用来分析一个地区降雨或径流丰枯变化的常用方法,一般用模比系数来表示,其公式为:$\sum (k_i - 1)$,其中,k_i 为系列第 i 年的年降雨或径流与均值的比值,图 2.3 是长江大通站年平均流量模比系数差积曲线,由图 2.3 可知,长江来水量经历了 20 世纪 50 年代上升,60—80 年代下降,90 年代上升,2000 年以来又出现下降的一个总趋势。

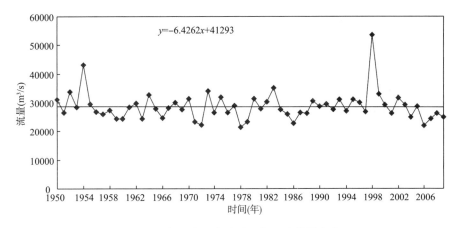

图 2.2　长江大通水文站历年平均流量变化

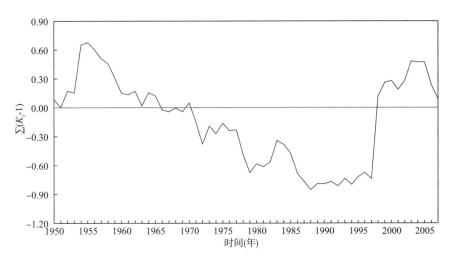

图 2.3　长江大通站平均流量模比系数差积曲线

三、21 世纪以来水资源变化趋势

进入 21 世纪以来,由于长江流域降水量偏少,长江流域整个汛期的流量较低,再加上水利工程拦蓄部分水源的影响,长江中下游流量呈显著减少趋势。长江下游的大通水文站分别在 2001、2004 和 2006 年洪峰流量均不足 47000 m³/s,2008 年洪峰流量不足 49000 m³/s,2009 年 8 月下旬,洪峰流量也不超过 47000 m³/s,近年来大多数年份年最低流量均在 10000 m³/s 以下(图 2.4)。

总之,由于气候变化,进入 21 世纪以来,长江三角洲地区外来水资源总体呈越来越少的趋势。

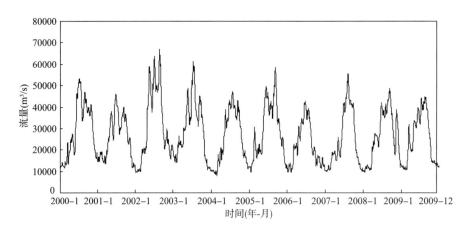

图 2.4　长江大通水文站 2000 年 1 月—2009 年 12 月流量

四、2005—2010 年极端水文事件

1. 2005 年 5—6 月江苏沿江地区出现干旱

2005 年 5—6 月,江苏沿江地区降雨量明显少于正常年,南京、镇江、常州的丘陵山区和南通等地旱情较为严重,由表 2.2 可知,5—6 月降雨量与多年平均比较,沿江南京、镇江、常州和南通地区面平均降雨量比正常年份偏少 3～7 成。从 5 月和 6 月干旱指数分析可知,与典型旱年相比,南京东山站干旱指数 2005 年 5 月和 6 月均高于 1965 年;常州的小河新闸 5 月高于 1978 年,6 月低于 1978 年;南通闸站比 1978 年旱。

表 2.2　　　2005 年 5—6 月沿江地区降雨量与历史同期比较表　（单位:mm）

	南京	镇江	常州	南通
2005 年	139.1	168.2	136.9	79.7
多年平均	247.8	249.8	270.0	253.0
距平(%)	−43.9	−32.7	−49.3	−68.5

2. 2006 年长江特枯水情

2006 年长江流域由于降雨量较正常年明显偏少,出现特枯水情,根据长江大通水文站统计,2006 年长江来水量为 6886×10^8 m^3,明显少于多年平均来水量(9405×10^8 m^3)(长江水利网,2010),根据大通水文站 1950—2009 年系列年平均流量排序统计,2006 年平均流量 21835 m^3/s,排历史倒数第二位(历史第一位为 1978 年的 21400 m^3/s)。

根据大通水文站历年平均水位统计并进行频率分析,1998 年为丰水年,年平均水位 10.48 m,历史排位第 2(1954 年最高,为 11.24 m);2006 年为特枯水年,年平均水位 7.38 m,历史排位倒数第 2(1978 年最低,为 7.30 m),根据经验频率分析,2006 年重现期相当 28 a 一遇(闻余华,2012)。

2006年长江特枯水情对长江三角洲地区影响也是很明显的,一方面苏中里下河地区自流引江水量受到影响,苏南河道引江水量也受到影响;另一方面,由于长江来水量少,长江口咸潮入侵明显加大,主要表现在入侵时间较往年提前2个多月,入侵次数超过往年,且覆盖范围广(陈吉余 等,2009)。

3. 2007年太湖蓝藻暴发事件

2007年5月以来,由于连续高温,导致太湖蓝藻在短期内积聚暴发,水源水质发生恶化,5月29日开始,江苏无锡主要水源南泉水厂的水源受到蓝藻暴发的破坏,城区大批市民家中自来水水质突然发生变化,并伴有难闻的气味,无法正常饮用,市民纷纷抢购纯净水、桶装水,引发了无锡水危机。

据了解,近年来由于太湖水质污染较为严重,导致湖水水质富营养化程度加剧,而这却恰恰促使了蓝藻大量繁殖。当年夏季的东南风把几乎整个太湖水域的蓝藻都刮到太湖无锡水域的梅梁湖和贡湖岸边。而高温天气和阳光的暴晒导致"蓝藻"在岸边死亡、腐烂,发出刺鼻的气味,污染了湖水。

4. 2008年8月滁河、秦淮河流域出现特大暴雨

受台风"凤凰"(2008)残留云系和暖湿气流共同影响,2008年8月1日05时至2日06时,南京市遭受强降雨袭击,致使滁河、秦淮河水位迅速上涨,并双双超过警戒水位。滁河晓桥水位已达到12.62 m,距历史最高水位仅差1 cm。滁河河道内的洪水挟带着上游冲下来的树木,向下游迅速流去,猛涨的洪水使整个滁河防汛压力陡然增大。

8月1日05时至2日05时,南京全市降雨量34.9~257.3 mm,市区降雨量148.7 mm,江宁区148.7 mm,浦口区257.3 mm,浦口晓桥404 mm,汤泉镇363.6 mm。与此同时,滁河上游的安徽滁州417.5 mm,全椒371.0 mm。这次降雨属特大暴雨,强度之大为百年罕见,创历史新高。滁河流域24 h最大日降雨量达303 mm,为2003年同期的190%,1991年同期的344%。

受强降雨影响,南京市秦淮河、滁河水位迅速上涨。2日08时,秦淮河东山水位为9.25 m,超过警戒水位0.75 m;2日18时,滁河晓桥水位12.57 m,比1日8时的7.56 m,上涨5.01 m,超过警戒水位3.07 m。为有效降低"两河"水位,减轻大堤防洪压力,南京市防指果断采取水利工程调度措施,1日19时50分,秦淮河上武定门闸、秦淮新河闸开启泄洪,两闸泄洪流量为925 m³/s,有效控制了秦淮河水位快速上涨。滁河流域也开启红山窑闸、三汉湾闸,加大滁河洪水下泄流量(闻余华,2008)。

5. 2009年太湖出现2000年以来最高水位

2009年7月下旬以来,太湖流域遭受持续性强降雨,致使太湖和区域水位快速上涨,太湖发生流域性超警戒洪水,8月15日出现年最高水位(4.23 m),超警戒水位0.73 m。据统计,太湖历史上最高水位为1999年的5.08 m,第二高为1991年的4.79 m,第三高为1954年的4.65 m。

7月21日至8月11日,全流域累计降雨量344.5 mm,是常年同期的4.1倍,各分区降雨量均为常年同期的3.6倍以上,其中阳澄淀泖区和浦东浦西区在4.7倍以上。同

期流域和区域降雨量均列历史有记录以来第一高值。同时,流域性洪水首次叠加台风严重影响,太湖出现 2000 年以来最高水位。7 月 21 日起,受强降雨影响,太湖及地区河网水位快速上涨。从 7 月 21 日至 8 月 15 日 08 时,太湖水位累计涨幅 0.90 m,河网水位一度有 45 个站超警戒水位,10 个站点超保证水位。流域 7 座大型水库全部超汛限,其中浙西区四座大型水库大幅超汛限,超过幅度一度达 6.90 m。8 月 13 日太湖流域东苕溪上游突降大暴雨,中北苕溪发生大洪水,水库、河道水位急剧上涨,四岭水库最大入库流量破历史纪录,并出现了建库以来的首次非常溢洪道泄洪;北苕溪出现超历史洪水,洪峰流量大大超出河道安全流量,北湖蓄滞洪区紧急破堤分洪。

受台风"莫拉克"(2009)影响,太湖流域受灾严重。据统计,从 7 月 21 日至 8 月 14 日,太湖流域共有 21 市 163 县 868.2 万人受灾,9 个市(县)城区受涝,倒塌房屋 0.67 万间,死亡 12 人,失踪 12 人,转移人口 142.37 万人;农作物受灾面积 406.8 km²,停产工矿企业 26138 个,公路中断 1144 条次,机场、港口关停 90 个次,供电、通讯中断 1679 条次;损坏堤防 569.4 km,堤防决口 84.63 km,损坏水闸、机电泵站、水电站、水文测站、机电井 1347 座,冲毁塘坝 185 座,造成直接经济损失 96.65 亿元,其中水利设施直接经济损失 19.70 亿元。

6.2010 年长江下游出现 2000 年以来最高水位

2010 年 6—8 月,由于长江流域降雨偏多,长江下游出现了两次大的洪水过程,长江大通水位 7 月 14 日出现 14.58 m 最高水位,超警戒水位 0.18 m;南京、镇江由于还受下游沿海潮汐顶托影响,南京站 7 月 15 日出现 9.33 m 的最高潮位,超警戒水位 0.83 m,镇江水文站出现 8.02 m 的最高潮位,超警戒水位 1.02 m,均为 1999 年以来的最高水位。1999 年以来大通、南京、镇江年最高水位见表 2.3。

表 2.3 长江大通、南京、镇江 1999 年以来历年最高水位统计(m)

年份	大通水位	南京潮位	镇江潮位	年份	大通水位	南京潮位	镇江潮位
2012 年	14.01	8.72	7.62	2005 年	13.70	8.90	7.61
2011 年	12.11	7.38	6.53	2004 年	12.27	7.78	6.93
2010 年	14.58	9.33	8.02	2003 年	14.16	9.23	7.87
2009 年	12.23	7.67	6.80	2002 年	14.55	9.08	7.79
2008 年	12.44	7.77	6.95	2001 年	11.88	7.45	6.63
2007 年	13.17	8.35	7.25	2000 年	12.89	8.07	7.35
2006 年	11.40	7.64	7.13	1999 年	15.87	9.88	8.17

注:2011—2012 年为报汛数据。

第二节 海平面上升对长江三角洲的影响

一、海平面上升引起的淹没面积

杜碧兰(1997)对海平面上升对中国沿海主要脆弱区潜在影响的研究指出,未来海平面上升,长江三角洲及江苏和浙北沿岸可能淹没面积如表 2.4。

表 2.4 未来海平面上升长江三角洲及江苏和浙北沿岸可能淹没面积

不同防潮设施和背景潮位情况		上升 30 cm		上升 65 cm		上升 100 cm	
		淹没面积 (km²)	占总面积 (%)	淹没面积 (km²)	占总面积 (%)	淹没面积 (km²)	占总面积 (%)
无防潮设施	平均大潮高潮位	36610	18	39872	19	47943	23
	历史最高潮位	54547	26	58663	28	61288	29
有防潮设施	历史最高潮位	898	0	27241	13	52091	25
	百年一遇高潮位	4015	2	31001	15	57532	28

表 2.4 中列出的是长江三角洲及江苏和浙北沿岸在不同防潮设施和背景潮位情况下,未来海平面上升时可能淹没的面积,在无防潮设施情况下,当海平面在历史最高潮位上,上升 30、65 和 100 cm 时,相应的海水可能淹没面积分别为 54547、58663 和 61288 km²,分别占研究区域总面积的 26%、28% 和 29%;而当有防潮设施时,在同样的背景潮位和海平面上升情景下,其海水淹没面积相应分别为 898、27241 和 52091 km²,比无防潮设施时的淹没面积分别减少 53649、31422 和 9197 km²。这说明长江三角洲和江苏及浙北沿岸地区现有防潮设施的标准相应较高。

二、海平面上升对环境及水资源的影响

由于全球气候变暖和沿海地壳的垂直运动,未来相对海平面上升对中国沿海地区的环境,可能有以下几方面的影响。

沿海湿地的损失和湿地动物的迁徙

这里所指的湿地是国际上采用的广义概念,它包括沼泽、潮间带、红树林和珊瑚礁等。中国在全球气候变化对沿海湿地影响方面的研究甚少,而且采用狭义概念,将潮间带与湿地分开。目前,季子修等就海平面上升对长江三角洲附近沿海潮滩和湿地的影响进行了初步研究。结果表明,从江苏灌河口至钱塘江。1028 km 江岸线的沿海地区,共有潮滩面积 3956 km²(1990 年),湿地面积 1252 km²(1990 年)。若海平面上升 0.5 m 和 1.0 m 时,潮滩面积分别比 1990 年减少 9.2% 和 16.7%,湿地面积减少 20% 和 28%,

并发生高级类型向低级类型(盐土草甸—高位沼泽—低位沼泽)的退化。由于湿地的丧失,原湿地中栖息的动植物,尤其是水禽将发生相应的环境迁徙,亦可能超越国界。

台风和风暴潮灾害加剧

全球变暖会使热带海洋温度升高,有利于台风的生成和发展。根据 1987 年 Emanuel 的台风模拟结果表明,全球变暖将会使台风强度增强,并预测到 21 世纪中期大气中 CO_2 浓度加倍时,台风强度将会增强 $40\%\sim50\%$。根据模型预测结果,随着温度的升高,西北太平洋台风发生频率及在中国登陆台风频率,均呈增高趋势。当温度升高 $1.5\ ℃$ 时,西北太平洋台风发生频率增加 2 倍左右,在中国登陆台风的频率也将增加 1.76 倍。随着台风发生频率和强度的增大,台风风暴潮在中国沿岸发生的频率和强度也会相应增大,从而更加剧了海平面上升对沿海地区的影响程度。

长江三角洲在台风和温、热带风暴的影响下,常受风暴潮之灾。其最大增水常在 2.0 m 以上。再遇天文大潮,成灾率极高。1981 年 8114 号台风影响期间吴淞站实测高水位达 5.74 m(吴淞零点),市区黄浦公园站达 5.22 m,已接近防汛墙的高度(5.30 m),造成经济损失数亿元。未来海平面的上升会导致风暴潮位进一步增高,从而使风暴潮灾的发生频率增大,破坏力增强。根据该区多年实测潮位资料,可推算出海平面上升 30、65 和 100 cm 时,其原来极值潮位的重现期将大大缩短。仅以吴淞口站为例,利用该站 1950—1984 年共 35 a 的年极值高潮位,分别利用耿贝尔和 PⅢ 型频率分析方法进行频率分析,选取与实测值经验频率点据适线较好的理论频率曲线,得到按 PⅢ 型方法分析的结果如表 2.5 所示(孙清 等,1997)。

表 2.5 **吴淞站海平面上升前后重现期最高潮位(m)** **(黄海基面)**

$P(\%)$	重现期	海平面上升			
	(a)	0 cm	30 cm	65 cm	100 cm
0.1	1000	4.56	4.86	5.21	5.56
1.0	100	4.10	4.40	4.75	5.10
2.0	50	3.94	4.24	4.59	4.94
2.5	40	3.84	4.14	4.49	4.84
5.0	20	3.72	4.02	4.37	4.72
10.0	10	3.54	3.84	4.19	4.54
20.0	5	3.38	3.65	4.00	4.35
50.0	2	3.05	3.35	3.70	4.05

海岸带潜水、地下水咸化

由于人口密集,地下淡水已被陆续开采,并已开始出现海水倒渗现象。如江苏省南通市沿海,出现了区域性地下水下降漏斗,中心水位已下降 10 m 以上,影响半径达 10~20 km(缪启龙 等,1999),改变了深层地下水的流向,出现了自东向西的倒流现象,这种状况在本地区海岸带均有表现,并在继续发展。很显然,由于海平面上升,海水从地下潜渗和地面浸渍进一步加剧,对海岸带淡水资源是严重的威胁。

咸水入侵

长江口咸水入侵现象是长江枯水期径流减少,涨潮时咸水上溯长江口内引起的,它可进入黄浦江,甚至还会沿长江上溯,是一种不可忽视的自然灾害。每年冬、春枯水季节咸潮从江口上溯,其含氯浓度严重超标,给人类健康和工农业生产带来危害。如1978年冬天到1979年春,因咸水严重入侵长江口内,仅上海市直接经济损失已超过1440万元,间接损失在2亿元以上(缪启龙 等,1999)。

据测算,海平面上升50～100 cm,2‰等盐度线将向上游推移15～30 km。盐水入侵危害持续时间可能将由当前的冬半年变为全年。这势必给工农业生产造成巨大危害,农业减产,工业产品质量下降,一些企业被迫长时间停产。更为严重的是,居民长期饮用高氯度水会危及身体健康。此外,海平面的上升会使地下水受咸水入侵的威胁加重(孙清 等,1997)。

洪涝威胁加重

中国海岸带地区地面高程低于5 m的脆弱带面积为14.39×10^4 km²,约占沿海11省(区、市)面积(末含台湾省及港澳地区)的11.3%,其中河口三角洲和滨海平原面积广阔,海拔高度一般在4～15 m,易受洪涝灾害的袭击。江河下游和河口地区,近年来由于上、中游水土流失而河床淤积严重,海平面上升势必会对洪水起顶托拥高作用,从而增加洪水的威胁。

沿海城市排污困难加大

海平面上升将使沿海城市的市政排污工程原设计标高降低,并使原有自然排灌系统失效,使城镇污水排放发生困难,甚至倒灌。从而影响长江三角洲地区的水质劣变,水域污染加重,必须重新改造或设计新的排水系统工程。同时,由于海平面上升,入渗量增大,地下水位抬高,亦加大了汛期排水压力。

海平面上升,闸下水位抬高,潮流顶托作用加强,导致河道排水不畅,从而妨碍污水的排放和洪水的下泄。据估计(朱季文 等,1994),若海平面上升40 cm,长江三角洲地区自然排水能力将下降20%～25%。

咸潮上溯加重

由于海平面上升,使沿海江河的潮水顶托范围沿河上溯,影响河流两岸城镇的淡水供应和饮用水水质。随着海平面上升,咸潮的影响将会更加深入。由于会潮点和盐水楔的上移不仅会引起河道泥沙沉积的变化,也会对城乡供水带来新的问题。此外,在沿海地区出现的海岸侵蚀、土壤盐渍化、盐水入侵等对环境的不利影响也是值得重视的。

第三节　气候变化对大型水利工程的影响

气候变化是目前重大的环境问题之一,水利工程是应对气候变化的重要措施,也直接受到气候变化的影响。以全球变暖为主要特征的气候变化通过加剧水文循环而影响大型水利工程的设计、运行和安全等。全球变暖将导致海平面上升,暴雨洪水和干旱极端事件的强度和频次增大,将影响到水利工程的相关设计标准的确定。

一、南水北调工程

南水北调工程是从长江向北方缺水地区输水的工程,由东线、中线、西线三条调水输水线路组成。根据工程总体规划,东线、中线、西线工程的年调水总规模约 450×10^8 m^3,相当于在黄淮海平原和西北地区增加一条黄河的水量,可基本缓解受水区水资源严重短缺的状况,并逐步改善因严重缺水而引发的生态环境问题。通过三条调水线路与长江、黄河、淮河和海河四大江河的联系,构筑成以"四横三纵"为主体的供水网,进行大范围的水资源合理配置,缓解黄淮海地区日益尖锐的水资源供需矛盾。

气候变化是否会对东线、中线、西线调水系统的功能和结构稳定性带来不利的影响,是一个值得关注的问题。气候均值、气候变异以及气候极端事件的可能变化是否会使可调水总量减少,其年内时程分配是否会改变,最大与最小流量的年际变化是否会加大,台风、暴洪、滑坡等气象灾害的增多是否会危及调水系统的抗御能力和输水通道的安全性,气候变化是否会加大南北同枯遭遇的概率等,都成为需要研究的问题。

长江下游地区地势平坦、降水量大,地处河流入海处,水量极为丰富。长江多年平均径流量 9560×10^8 m^3,入海水量 8900×10^8 m^3。气候变化对长江下游多年平均径流量影响不大,但其年内分配可能有变化,如果同时遇到特枯年以及苏皖沿江地区调水量较大时,东线调水需要考虑大通水文站控制流量的限制。

概括来说,已有气候变化对南水北调工程的影响研究的结论包括:气候变化对东线、中线可调水量的影响不大;对东线水质可能有不利影响;对中线南北同枯遭遇频率以及对调水工程可能的影响还有待进一步研究。当三峡水库与南水北调工程同时运行时,尤其遇到枯水年,要保证一定的入海水量,以防止海水入侵与风暴潮灾害的加剧,对长江口地区的人民生活与社会经济发展带来不利的影响(《气候变化国家评估报告》编写委员会,2007)。

二、长江口综合整治工程

近 50 余年,长江河口的演变过程从基本处于自然适应趋向与人工控制相协调的状态。全球变化、人类活动对流域和河口作用的增强,河口也出现了泥沙来源减少、后备土地资源不足,淡水资源受到咸水入侵强度的增大的影响(陈吉余 等,2009)。为加强长江口整治开发、保护和管理,保障长江口地区经济社会的可持续发展,2008 年 3 月,国务院批准了水利部上报的《长江口综合整治开发规划》(以下简称《规划》)。

《规划》提出的综合整治开发目标主要包括:近期到 2010 年,基本稳定南支上段河势,改善南支淡水资源开发利用条件;加快防洪工程和排灌工程建设步伐,使防洪(潮)及排灌达到规划标准,对水源地和自然保护区进行重点保护,初步抑制局部水域水质恶化和生态环境衰退的趋势;结合河势控制工程,改善岸线利用条件,合理开发新的岸线资源;适度圈围滩涂,基本满足社会经济发展对土地资源的需求;基本完成水文水质站网建设任务,初步构建长江口地区水利信息化系统框架。远期,到 2020 年,进一步稳定和改善南北港分流口及北港的河势;改善南、北支淡水资源开发利用条件;进一步改善北港、南槽及北支的航道条件,达到远期航道建设标准;进一步改善河口地区生态环境;全面达到长江口地区的防洪(潮)及排灌规划标准。

　　长江口地区的区域性气候势必会对全球气候变化产生不同程度的响应,由于其特殊的地理位置和经济地位,该地区海平面上升加之降水时空分布的改变、极端事件发生的频次和强度的变化等,将对长江口地区生态环境、基础设施、经济建设及长江口综合整治工程带来诸多影响。

风暴潮

　　风暴潮是长江三角洲地区主要的自然灾害之一。而海平面的加速上升将导致风暴潮频率和强度的增大,根据该区多年实测潮位资料,可推算出海平面上升 30、65 和 100 cm 时,其原来极值潮位的重现期将大大缩短,尤其在潮差相对较小的部分岸段,海平面上升 20 cm,百年一遇的最高潮位即变为 50 a 一遇(孙清 等,1997;施雅风 等,2000)。海平面上升加剧了风暴潮灾害,将给海岸防护工程和海堤保护地区造成巨大损失。目前,全区海堤设计标准大多为百年一遇。要保持这一安全标准,海堤必须随风暴潮位增高而加高。上海由于大量地下水抽取和高层建筑群的建设导致的地面沉降,相对海平面上升幅度还要增大,使得目前上海防洪(潮)标准大幅度降低。其结果会导致长三角地区海岸区遭受风暴影响的机会增多,程度加重(丁一汇 等,2006)。

海岸侵蚀

　　本区侵蚀海岸主要有长江口以北的吕泗海岸和长江口以南的南汇嘴南侧海岸以及杭州湾北部海岸。目前,本区虽有长江每年大量的泥沙入海,有巨大的苏北辐射沙洲掩护和废黄河水下三角洲侵蚀泥沙供给,但海岸侵蚀范围仍不断扩大。随着海平面上升因素所占比值的增大,海岸侵蚀范围将不断扩大。预计当海平面上升 50 cm 时,本区侵蚀岸线占总岸线的比例将由目前的 36% 提高到 50% 左右。若干目前相对稳定的岸线将陆续发展成侵蚀海岸(刘杜鹃 等,2005)。

洪涝灾害

　　本区绝大部分地区的地面高程仅 2～3 m,仅里下河地区及太湖下游两个洼地 2 m 以下的面积就达 $10×10^3$ km²。海平面上升使感潮河道的高低潮位相应抬高,潮流顶托作用加强,导致低洼地向外排水能力下降,加剧洪涝灾害。海平面上升 40 cm,全区低洼地区自然排水能力将下降 20%。上海市区防洪墙目前的设计标准是按黄浦公园站千年一遇水位(5.86 m)加高加固的。海平面上升 50 cm,黄浦公园站 0.1% 频率的高潮位将达 6.36 m,不但防洪墙会出现危险,而且将削弱市区排水能力 20%,对上海市威胁很大(刘杜鹃 等,2005)。

土地利用安全性降低

　　长江三角洲地势较低,随着海平面上升,河口咸水上溯入侵,土壤性质恶化,生产能力下降,同时沼泽化加强,部分土地将不利于耕种和利用。另外,夏季降雨强度大,使其长期受到暴雨和洪涝灾害影响,而全球平均气温升高有可能使极端温度事件概率增大,导致暴雨发生的频率增高,洪涝风险增大。气温升高导致的伏旱和高温威胁亦将增大,同时使农作物病虫害增多,程度加重。

因此,对于未来海平面的加速上升,针对该地区的基本策略应是顺应和防护。在包括上海市在内的所有城镇规划沿海工程、经济区、居民区发展中,要充分考虑到未来海平面上升的因素,采用工程性和非工程性对策措施,加固加高现有的海堤和防浪墙,把提高设计标准作为主要对策。加快海滩围垦速度,挖掘现有海滩的潜力,积极开展海滩养护,结合防潮工程、海水养殖、减缓海滩的侵蚀速度和获得较好的经济效益(孙清 等,1997)。随着沿海地区开发强度不断加大,应采取强有力的措施,严格控制地下水超采等人为引起的地面沉降,以减缓未来相对海平面上升速率,减轻其危害(杨桂山 等,1997)。

由于全球变化所产生的影响可能要在较长的一段时间内表现出来,即所谓的"时滞性",因此,在制定规划和计划时要有超前意识,尤其在长江三角洲地区土地利用规划和城市规划中,要坚持"立足当前,着眼未来"的超前原则,充分考虑全球变化带来的各种直接影响和间接效应。合理统筹规划,实行开发、保护并举。长江口综合整治开发将为长江三角洲地区社会经济发展提供生态保护、淡水资源配置、水路运输等方面的保障,以促进当地经济新一轮腾飞(金镖 等,2005)。

三、引江济太工程

2001 年 9 月,温家宝副总理在视察望亭水利枢纽时,专门听取了太湖管理局关于太湖流域水利建设和"引江济太"实施情况的汇报,对太湖管理局通过运用水利工程调度改善流域水环境的做法给予了充分的肯定。温副总理强调指出,水利部门要采取积极的措施,通过引江济太,实施生态调水工程,"以动制静,引清释污,以丰补枯,改善水质"。国务院批复的《太湖水污染防治"十五"计划》也将引江济太调水作为流域生态恢复的主要措施之一。

根据引江济太试验工程的建设任务和规模,太湖管理局成立了太湖流域引江济太办公室作为项目建设法人,围绕引江济太调水试验的中心任务,制定引江济太年度实施计划,组织开展引江济太试验工作。

引江济太试验工程分两步走。2002 年为重点突破阶段,组织调水试验和水量水质监测,开展引江济太专题研究,完成非汛期的调水对改善太湖水环境的试验、调水对地区防洪与排水的试验和汛后期调水对地区水环境的影响试验。全年完成常熟枢纽调水 25×10^8 m³,入太湖 10×10^8 m³,初步实现引江济太工作的规范化、数字化和成果化。2003 年为完善阶段,努力做好改善太湖水环境措施试验、引江济太水量水质联合调度试验、调水与沿江闸门及望虞河东岸闸门运行的关系研究等。在此基础上,着力加大引江济太江水入湖的能力,规范引江济太的管理方式,完善引江济太综合应用系统,提高引江济太的科学性和操作性,努力使引江济太水资源调度管理达到更高水平。

通过引江济太水资源调水试验,将进一步完善水资源统一调度管理体制、流域水资源工程调控体系、水资源有效配置和保护科研体系,提高流域的水资源调度和管理水平,促进流域水资源可持续利用,保障流域经济社会的可持续发展(来自太湖流域管理局网 http://www.tba.gov.cn/)。

由于气候变化,气温总体上升,加剧了太湖水体水质恶化。因此,通过加大引江入太能力,改善太湖水体水环境,特别是,对有效控制太湖蓝藻爆发起到积极的意义。

四、洋山港水利工程

上海国际航运中心洋山港位于中国东南沿海与长江口的"T"形交汇处,具有集中国"黄金海岸"和"黄金水道"于一体的双重优势,是南北海运的要冲,江海联运的枢纽。洋山港北起小乌龟山,与上海芦潮港镇隔海相望;南至大洋山,与岱山县大巨镇隔水为邻;西起唐脑山与滩浒山对峙;东起薄刀嘴,与县城相望。洋山港由 69 个岛屿组成,陆域总面积 17.84 km²,其中滩涂面积 6.59 km²,海域面积约 1260 km²,海岸线总长度为 27.40 km。

洋山深水港区是距上海最近的具有 15 m 以上水深的天然港区,通过建桥与上海运输网络连接,可充分发挥上海港经济腹地广阔,集装箱源充足的优势。港区依托上海特大经济中心城市,与沿海支线和长江支线的联系相当便捷,完全具备成为亚洲与北美、亚洲与欧洲两大主干线的主靠港条件,这些是长江三角洲地区其他港口都不具备的。同时港区的作业环境和作业条件也相当优越,根据专家测定和资料分析,洋山海域的涌浪频率、大波出现频率、波高值和波周期也比较理想,连同气象等多种因素进行综合分析,洋山深水港区年可作业时间可达 315 d 左右。

但随着全球气候变暖,海平面上升将使港口功能的发挥受到威胁,主要是海平面上升降低了港口码头与仓库的标高,洪涝或风暴潮淹没次数可能增多。此外海平面上升会使航道泥沙回淤量有所增多。洋山港处于外海,未来海平面上升,受风暴潮的概率增多,港口全年运行时间将会受到一定的影响。

五、苏通大桥

2008 年 6 月 30 日,拥有 1088 m 跨径的苏通大桥正式通车。这是中国建桥史上建设标准最高、技术最复杂、科技含量最高的特大型桥梁工程之一。苏通大桥位于江苏苏州与南通之间,总投资为 78.9 亿元,于 2003 年 6 月 27 日正式开工建设。整个线路全长 32.4 km,其中,跨江大桥长 8146 m,由主跨 1088 m 双塔斜拉桥及辅助和引桥组成。苏通大桥共创造了四个世界之最:最大主跨、最深基础、最高桥塔、最长斜拉索。

超长跨径和长江口复杂的气候地形条件,让贯通苏州和南通的苏通长江公路桥,成为世界上最难建造的斜拉桥,这个庞然大物必须抵御各种风险。"风"是大桥的头号敌人。随着全球气候变暖,台风路径在发生变化,苏通大桥今后要更多地关注抗风问题。

第四节　水资源对气候变化的敏感性和脆弱性

长江三角洲地区是对气候变化响应比较敏感而强烈的地区。20 世纪 80 年代以来,长江中下游气温升高了 0.2～0.8 ℃,其中升温最高的地区位于长江三角洲(沙万英 等,

2002)。以该地区五个代表城市为例,研究发现,近 50 年来,长江三角洲地区气温有上升趋势,尤其在 20 世纪 90 年代升高显著。90 年代各城市的平均气温普遍比前 40 年高出约 0.96 ℃。上海升温速度最快,为 0.73 ℃/10 a,其他 4 个城市的气温升高率平均为0.23 ℃/10 a(王体健 等,2008)。

全球变暖导致极端水事件的增加比降水量的增加更为显著,因此,未来长江三角洲发生大的洪涝的可能性增大。其次,气温升高还会影响区域水资源的变化。据张永勤等(1999)对长江三角洲的研究,温度升高 1℃引起当地水资源的减少量相当于降水量减少 3.3%引起的水资源减少量。

一、敏感性分析

水资源对气候变化的敏感性研究多以流域为单元,在流量模拟的基础上,采用不同的假定气候情景分析不同流域水文变量对气候变化的敏感性。

不同气候情景下水资源总量由水资源总量估算模型计算,模型计算表明,降水变化直接影响地表径流、入渗补给;温度变化也影响地表径流和入渗补给。长江三角洲地区各地水资源总量在未来不同气候情景下的变化如表 2.6(Δt 为温度变化,ΔP 为降水变化)所示。可见,降水变化、气温变化导致蒸散量的增减,水资源总量也会有相应的变化。水资源总量随降水的增大而增大,随着温度的升高而减少。

在不同的气候情景下,长江三角洲水资源总量差异很大,当气温升高 2.5℃,降水减少 20%与气温不变,降水增加 20%时水资源总量相差 334.88×10^8 m³。水资源量对降水变化的敏感性大于对气温变化的敏感性,温度升高 1.0℃导致的水资源量减少仅相当于降水减少 3.3%引起的水资源减少量(张永勤等,1999)。

表 2.6 　　　　长江三角洲地区在不同气候情景下的水资源总量估算 　(10⁸ m³)

Δt (℃)	ΔP(%)				
	−20	−10	0	10	20
0.0	228.6	297.4	366.3	435.2	504.0
0.5	217.2	286.1	354.9	423.8	492.7
1.0	205.6	274.5	343.4	412.2	490.6
1.5	193.7	262.6	331.5	400.4	469.6
2.0	181.6	250.5	319.3	388.2	457.1
2.5	169.2	238.1	306.9	375.8	444.7

本地区多年平均水资源总量约 366×10^8 m³,气温升高 0.0、0.5、1.5、2.0、2.5℃,降水变化±20%、±10%以及不变时,本地水资源量也会有相应的变化,且变化幅度较大,缺乏稳定性,当总需求量超过当年本地水资源量时,不足部分必须依靠提、引江河过境水量和地下水补给,在 2050 年,气温升高 2.5℃,降水变化为−20%、−10%、0%、10%、

20%时,该地区缺水量分别为 915.7×10^8 m^3、846.7×10^8 m^3、777.8×10^8 m^3、709.0×10^8 m^3、640.0×10^8 m^3。由于地下水的使用量占总用水量的比例较小,因此,长江三角洲地区供水量主要依赖于从过境江河引水、提水,随着经济发展及气候变化这种依赖性逐年增大,未来气温升高、降水减少将导致供水从江河的提水、引水量显著增大,气温升高引起的增大量与因降水减少的增大量比较相对较小,其变化主要取决于因降水增减而导致的水资源总量变化以及经济发展、人口增加引起的需求量增加所致(张永勤 等,1999)。

二、脆弱性分析

气候环境变化条件下水资源的脆弱性是水资源系统在气候变化、人为活动等作用下,水资源系统的结构发生改变,水资源的数量减少和质量降低,以及由此引发的水资源供给、需求、管理的变化和旱、涝等自然灾害的发生程度。一般选择人均水资源量和缺水率两个指标来分析一个地区水资源的脆弱性。

1. 人均水资源量

人均水资源量即人均年拥有淡水资源量。该指标在一定程度上反映了一个国家或地区水资源的丰缺程度和水资源可持续利用的状况。世界气象组织及联合国教科文组织等机构认为,对一个国家或地区,可按人均拥有淡水资源量的多少来衡量其水资源的紧缺程度:富水线(人均年拥有淡水量 1700 m^3)、最低需水线或基本需水线(人均年拥有淡水量 1000 m^3)以及绝对缺水线(人均年拥有淡水量 500 m^3)。考虑淡水资源量的计算较为复杂,但它与径流量存在一定的比例关系。因此,将水资源的脆弱性指标简化为按人均年径流量的多少来衡量其水资源的紧缺程度(表 2.7)。

表 2.7　　　　　　　　　　区域水资源紧缺程度评价指标

水资源紧缺程度	人均年径流量(m^3)
严重缺水	<500
重度缺水	500~999
轻度缺水	1000~1700
不缺水	>1700

根据未来各种气候情景下的人均水资源量及相应的水资源脆弱性指标,研究表明,中国长江三角洲地区上海属严重缺水地区,江苏属重度缺水地区,浙江属不缺水地区(张建云 等,2007)(注:人均径流量计算只考虑本地产水量,没有考虑境外来水量)。

长江三角洲多年平均当地水资源量达 573.79 $\times 10^8$ m^3。其中上海 32.07 $\times 10^8$ m^3,江苏 176.57 $\times 10^8$ m^3,浙东北 365.15 $\times 10^8$ m^3。本区单位面积水资源量 57.60 $\times 10^4$ m^3/km^2,比较丰沛。按人均的当地水资源量为 774.90 m^3,相当于全国平均水平(2420 m^3)的 1/3,属缺水地区。但是,当地水资源量加上长江干流及淮河下泄洪水等过境水量时,长江三角洲仍是中国水资源丰富的区域(朱大奎 等,2004)。

2. 缺水率

缺水率即水资源供需差额与水资源需求量的百分比。它考虑了社会经济情况、产业布局及水利工程设施等诸多因素对水资源的影响,反映了一个国家或地区水资源供需矛盾的程度。目前,国际、国内对如何通过缺水率的大小来衡量一个国家和地区缺水的程度尚无统一的标准。中国水利部水利信息中心根据预测,定义缺水率小于 1% 为不缺水;缺水率 1%~3% 为轻度缺水;缺水率 3%~5% 为重度缺水;缺水率大于 5% 为严重缺水。显然,缺水率越大的地区水资源情势越不稳定,脆弱性越大。

根据《气候变化对水文水资源影响研究》一书,全国缺水率分布研究表明,长江三角洲地区缺水率小于 1%,属不缺水地区(张建云 等,2007)。

江苏省水资源综合规划研究预测成果表明:2030 年江苏省太湖地区及长江地区不同气候条件下,缺水率是不一样的(表 2.8),表 2.8 中方案 1 是现状工情下的一般节水、方案 2 是现状工情下强化节水;方案 3 是规划工情下的一般节水、方案 4 规划工情下的强化节水。

在多年平均情况下,长江片区在不同方案下,缺水率均在 0.2% 以下,而太湖片区不缺水;在一般干旱年(75%)下,长江片区缺水率 0.1%,太湖片区缺水率 0.3% 以下;在特别干旱年(95%)下,长江片区在现在工情下,缺水率在 1.2%~1.5%,属轻度缺水,而太湖片区缺水率在 0.8% 以内,仍属不缺水地区。

表 2.8　　　　2030 年江苏省长江片区及太湖片区不同水平年不同供需方案比较表

分区		缺水量(10^8 m^3)				缺水率(%)			
		方案 1	方案 2	方案 3	方案 4	方案 1	方案 2	方案 3	方案 4
长江片区	多年平均	0.8	0.6	0.5	0.4	0.2	0.2	0.2	0.1
	75%	0.3	0.1	0.1	0	0.1			0
	95%	5.3	4.1	2.8	2.1	1.5	1.2	0.8	0.6
太湖片区	多年平均	0	0	0	0	0	0	0	0
	75%	0.9	0.8	0.4	0.3	0.3	0.3	0.2	0.1
	95%	2.3	2.1	1.3	1.2	0.8	0.7	0.4	0.4

第五节　水资源适应性管理对策

一、对海平面上升的适应对策

提高防护标准

长江三角洲地区地势低平,经济发达,人口密集。如无海堤(海塘)保护,则本地区

3/5 的地区都将在高潮位的控制之下,尤其是社会经济最发达的上海、太湖地区、江苏南通地区、浙江嘉兴地区都将成为高盐碱化荒漠地带。因此,海堤是本地区一切活动所依赖的生命线。所以,在全球气候变暖的情况下,海平面上升,灾害频次增大,强度增大,各级政府必须从全局出发,针对海平面上升,应逐年分期地增加对海堤、江堤建设的投资,海岸带、江岸带的新居民点、新企业,均应有防护安全基建资金,切实做好海堤、江堤的建设,才能避免一朝倾覆的悲剧。这在目前的财力、人力条件下是可以做到的,在经济上其短期和长期的效益都是显著的。在海岸带,要加强海岸的保护和管理,加强防护林建设。尤其是冲蚀海岸段要切实提高海堤建造标准(缪启龙 等,1999)。

综合治理长江口水道

长江口治理应以保证航道为主的综合治理。疏浚航道、整治海岸、围垦江海滩相结合,这样既可得到大片土地,又可以束狭河槽,增加水流冲沙力,改善航道。

长江口的航道淤塞、多变,应引起沿江各地区的注意,沿江各地区不宜建造特大型港口,沿江港口的建设应与长江口航道的通航能力相适应。国家应将特大型港口规划在水深较深、海岸稳定的沿海,如金山咀等地,这样可以减轻长江口航道的治理工程,而长江口航道的治理是个长期的复杂的工程;减轻上海港压力,有利于长江黄金水道运输能力的外延。这在时间上费时短、经济上耗费少,对加速本地区经济发展已是刻不容缓。

增加海岸带淡水流量

长江三角洲海岸带淡水资源有明显的季节变化,在冬半年,应增加海岸带河流的淡水流量,这对改善海岸带土壤盐碱状况、企业用水,尤其是人民群众生活用水极其重要的,也是改善投资环境的必要措施。在乡镇企业集中、工业、农业污染日益明显的今天,增加海岸带河川流量就显得尤为迫切。

加强长江流域的环境保护

长江的径流、输沙与长江中、上游的植被有密切关系。保护中、上游的植被面积对稳定长江径流、输沙有重要意义。稳定的长江流量、含沙量与长江三角洲经济稳定是息息相关的。长江中、下游湖泊很多,应减少围湖造田,保证一定的蓄洪、蓄水能力,对减少本地区的旱涝和损失是极为重要的。

二、水安全问题对策

以水资源匮乏,水污染严重、水土流失加剧、洪涝灾害加重等为特征的城市水安全问题已经成为制约地区经济、社会、生态可持续发展的重要因素之一。根据本地区特点,城市水安全主要应考虑的是由于城市水资源短缺,水质污染以及洪涝干旱灾害造成的城市水安全问题,并重点关注城市的供水安全,要实现城市化地区水安全,必须进行水资源优化配置,确保水资源的可持续利用。

对于长江三角洲地区,首先应当综合考虑该地区宏观经济状况与城市化的发展、生态环境保护以及水资源利用等,需水、供水和水质保护并重,并深入分析三者相互依存、相互制约的关系。其次,要采用大系统多目标的决策方法,综合反映不同配置方案对该地区各方面的影响,将区域城市的发展规划与水资源开发保护相结合。此外,要在合理配置决策分析中保持水的需求与供给间的平衡,污水的排放与水污染治理间的平衡,以及水投资的来源与分配间的平衡,并动态协调各部门之间的关系。只有这样才能保障该地区的水安全(许有鹏 等,2009)。

1. 开展"引江济太",改善太湖水质

专 栏

"引江济太"

　　为改善太湖水环境,引进长江水进入太湖,促进太湖水体交换速度。

　　"引江济太"工程是实现"静态河网、动态水体、科学调度、合理配置"战略目标的重大举措,通过望虞河常熟水利枢纽等工程将长江水引入太湖,改善太湖水环境,由此带动其他水利工程的优化调度,加快水体流动,提高水体自净能力,缩短太湖换水周期,实现流域水资源优化配置。"引江济太"也是实现太湖控制蓝藻暴发的有效途径之一。

　　"引江济太"的主要任务和研究内容有 5 个方面,即①引江济太引水与防洪排涝关系;②引水与望虞河西岸污水出路关系;③流域引水与区域用水关系;④引江济太能力和效果评估;⑤引水试验运行管理(夏军,2004)。

　　"引江济太"的效益:按一般水情年份考虑,经测算,计划全年从常熟枢纽引长江水 25 亿 m³。通过潮汐影响分析,计划从常熟枢纽自引 14 亿 m³,抽引 11 亿 m³ 进望虞河,经望亭水利枢纽入太湖 10～15 亿 m³,其中 3 亿～5 亿 m³ 增加江苏滨湖地区用水,同时由太浦闸向上海、浙江等下游地区增加供水 5 亿～7 亿 m³。其余 10～15 亿 m³ 水量主要增加望虞河两岸供水,改善苏州、无锡地区水环境和满足地区用水。经分析论证,引 10 亿 m³ 长江水入太湖,可使太湖主要污染指标高锰酸盐指数及总磷浓度有不同程度下降,有利于改善太湖局部湖区和黄浦江上游水质。通过长期引水,可缩短太湖换水周期,将进一步改善太湖水质和流域水环境。

专 栏

太湖流域

　　太湖流域地处长江三角洲,流域面积 36900 km²,据 2000 年统计资料,流域人口

约 3676 万,城市化率超过 50％,国内生产总值约 9940 亿元,人均国内生产总值约 3260 美元。流域湖泊河网密布,河道总长 12 万 km,超过 0.5 km² 的大小湖泊有 189 个,其中太湖面积 2338 km²,是典型的河网地区。改革开放以来,太湖流域经济社会快速发展,以占全国 0.4％的国土面积和占全国 2.8％的人口,创造了占全国 11.1％的国内生产总值;且近年来国内生产总值年增长速度均保持在 10％以上。

太湖流域多年平均降雨量 1180 mm,多年平均水资源总量为 162 亿 m³,近几年的平均年用水量在 290 亿 m³ 左右,流域本地水资源总量已不能满足用水量需求。目前之所以尚能够维持用水需要,一靠长江引水补充沿江地区;二靠水资源的重复利用。

流域河网湖泊水体水质恶化已成为当前影响水资源供给的主要问题,许多河网湖泊已经不符合地表饮用水源地水质标准。同时水污染的加剧,流域水环境的恶化,使流域水质型缺水的问题日趋突出。

2. 水资源综合规划应充分考虑气候变化,考虑产业结构调整

目前,长江三角洲地区还没有统一的水资源综合规划,需要统一的水资源规划,旨在加强流域综合规划和管理,协调好各方利益,引导市场和合理配置资源,实现水资源可持续利用。但怎样实现这个目标,还需付出巨大的努力,比如,管理与建设如何体现"人水协调",实现"水资源零增长"和"水污染物总量控制"。并且随着经济社会的发展,人们对水资源管理不断提出新的要求,特别是在防洪减灾、水资源配置、水资源保护方面要求更高,应逐步建立高效统一的水资源管理体系。

面对气候变化下的水资源供需矛盾,政府在管理上应充分运用经济杠杆节约用水,正确发挥经济杠杆与相应技术经济措施的作用,是实现生活节水的关键;而建立合理水费是发挥经济杠杆作用的核心,如实行按质论价、按量阶梯水价等。必须采用以市场为导向的水资源管理模式,因为无论是农业节水、工业节水、城市居民节水、还是污水处理都需要投资和管理费用,合理的水价与提高全社会公众节约用水意识是非常重要的。

在面临未来气候变暖对本地区水资源产生影响的情况下,区域综合规划应充分考虑气候变化影响,考虑产业结构调整,率先达到万元国内生产总值降低能耗 20％的目标,率先实施"减排"目标,以适应人类活动造成的气候显著变暖。

小结

长江三角洲单位面积水资源丰沛,但人均水资源量较少。外来水资源(长江过境水)为长江三角洲的主要来源,其有着不显著的下降趋势。气候变化导致的旱涝极端事件的变化、海平面的上升,给长江三角洲水资源及大型水利工程带来了潜在的威胁。

长江三角洲地区是对气候变化敏感的地区。气候变化通过降水、气温等因素直接或间接地影响着水资源的变化。因此,针对区域内气候变化的特点采取相应的适应性对策措施十分重要。应提高防护标准、治理长江口水道、增加海岸带淡水流量、加强环境保护、改善水质和调整产业结构。

参考文献

长江水利网,2010. http://www.cjw.gov.cn/news/detail/20100721/127967.asp,2010-7-21.

陈吉余,何青,2009. 2006 年长江特枯水情对上海水资源安全的影响[M].北京:海洋出版社.

陈锡林,闻余华,王永东,等,2007.里下河地区引江能力分析[J].人民长江,**38**(8):43-45.

丁一汇,任国玉,石广玉,等,2006.气候变化国家评估报告(I):中国气候变化的历史和未来趋势[J].气候变化研究进展,**2**(1):3-8.

杜碧兰,1997.海平面上升对中国沿海主要脆弱区的影响及对策[M].北京:海洋出版社.

季子修,蒋自巽,等,1993.海平面上升对长江三角洲和苏北滨海平原海岸侵蚀的可能影响[J].地理学报,**48**(6):516-526.

金镠,朱剑飞,2005.长江口深水航道治理意义与进展[J].中国水运,**7**:52-53.

刘杜娟,叶银灿,2005.长江三角洲地区的相对海平面上升与地面沉降[J].地质灾害与环境保护,16(4):**400**-404.

缪启龙,周锁铨,1999.海平面上升对长江三角洲海堤、航运和水资源的影响[J].南京气象学院学报,**22**(4):625-630

《气候变化国家评估报告》编写委员会,2007.气候变化国家评估报告[M].北京:科学出版社.

沙万英,邵雪梅,黄枚,2002.20 世纪 80 年代以来中国的气候变暖及其对自然区域界线的影响[J].中国科学(D),**32**(4):317-326.

施雅风,朱季文,谢志仁,等,2000.长江三角洲及毗连地区海平面上升影响预测与防治对策[J].中国科学(D辑),**30**(3):225-232.

孙清,张玉淑,胡恩和,等,1997.海平面上升对长江三角洲影响评价研究.长江流域资源与环境[J],**6**(1):58-64.

汪德爟,赖锡军,2002.重大水工程对长江三角洲水资源环境的影响[J].水资源保护,(3):14-17.

王宏江,陆桂华,2003.区域水资源组成、潜力及其可持续利用分析[J].水利学报,(8):122-126.

王华,江溢,等,2008.太湖流域饮用水水源地保护设想. http://www.tba.gov.cn:89/web/news_show.jsp? fileId=196531.

王体健,万静,2008.长江三角洲地区近50a的气温变化特征分析[J].暴雨灾害,**27**(2):109-113.

王颖,王腊春,朱大奎,2010.长江三角洲水资源现状与环境问题[J].科技通报,**26**(2):171-179.

闻余华,陈靓,2008.秦淮河流域"2007.7"暴雨洪水分析[J].人民长江,**39**(15):20-24.

闻余华,司存友,罗利雅,2012.多元回归方法在长江南京站潮位预报中的应用[J].江苏水利,(4):28-29.

夏军,2004.引江济太工程与太湖流域水资源可持续利用刍议[J].中国水利,(2):32-35.

许有鹏,尹义星,陈莹,2009.长江三角洲地区气候变化背景下城市化发展与水安全问题[J].中国水利,(9):42-45.

闫桂玲,孙福德,2006.关于水资源概念界定的探讨[J].水利天地,(8):4-6.

杨桂山,施雅风,季子修,等,1997.江苏沿海地区的相对海平面上升及其灾害性影响研究[J].自然灾害学报,**6**(1):88-96.

杨铭威,石亚东,孙志,等,2009.太湖蓝藻暴发引发无锡供水危机的思考[J].水利经济,**27**(3):35-38.

张建云,王国庆,等,2007.气候变化对水文水资源影响研究[M].北京:科学出版社.

张永勤,向毓意,等,1999.气候变化对长江三角洲水资源的影响[J].南京气象学院学报,**22**(增):513-517.

张泽中,黄强,等,2007.云水资源及其计算方法[J].水利学报,增刊:428-431.

朱大奎,王颖,王栋,等,2004.长江三角洲水环境水资源研究[J].第四纪研究,**24**(5):486-493.

朱季文,毛锐,1994.海平面上升对太湖下游地区洪涝灾害的影响//见:海平面上升对中国三角洲地区的影响及对策[M].北京:科学出版社:202-208.

第三章

长江三角洲气候变化对农业的影响、脆弱性和适应性评估

周曙东　朱红根　周文魁（南京农业大学）

高蓓（南京信息工程大学）

引言

长江三角洲地区是中国重要的农业产区之一。主要以种植业,果树种植,水产养殖等为主。在政治、经济、社会等因素稳定的形势下,气候变化成为影响长江三角洲地区农业生产的重要因素。长江三角洲地处亚热带季风气候区的北端,四季分明,冬、夏长,春、秋短,雨热同期,降水相对集中。长江三角洲地区农业气候资源丰富,但是受气象灾害影响较大。虽然雨热同期为地区的农业生产提供了有利的光、热、水资源,但季风气候的不稳定性,极端天气气候事件的频发影响了农业生产的稳定性。本章主要内容包括对长江三角洲地区农业生产特点和农业气候资源的概述;分析了气候变化对该地区农业生产所产生的影响,着重分析了极端天气事件带来的不利影响;并提出了该地区农业如何适应气候变化带来影响的适应性政策。

第一节　农业生产特点和农业气候资源

专栏

　　农业气候资源:指一个地区的气候条件对农业生产发展的潜在能力。从农业观点看,气候是重要的资源之一,所以称之为"农业气候资源"。其主要内容包括太阳辐射、热量、水分和风等。具体指农作物生长期的长短,热量和降水量及其季节分配、太阳辐射强度、日照时数、光质成分以及二氧化碳的含量等。其数量的多少、分配特点及其配合情况在一定程度上决定着农业生产类型的构成、产量的高低和品种的优劣等。农业气候资源在地理分布上具有其不平衡性,针对一定地区来说又具有其相对稳定性和有限性;在时间上具有季节性和年际变异性。农业气候资源不仅可以被认识和利用,还可以用来改造和培育,例如兴修水利、植树种草,可以改善水热状况,又可以利用辐射资源创造条件。

农业界限温度:指农作物生长发育及田间作业的农业指标温度。稳定通过0、5、10、15 和 20 ℃等界限温度的初终日期、持续期和积温,是常用的具有普遍农业意义的热量和热量指标系统。

积温:指作物生长发育阶段内逐日平均气温的总和。是衡量作物生长发育过程热量条件的一种标尺,也是表征地区热量条件的一种标尺。以℃·d为单位。

一、农业生产的特点

农业是人类劳动的产物,但毕竟也是自然再生产和经济再生产密切结合的产物,不可能不受地理环境的影响。无论什么时候,无论农业生产技术发展到何种程度,农业生产都离不开地理环境这个大自然的基础。农业生产的发展虽然受社会经济条件的制约,但动植物的生存必须受生物学规律的支配。生物的生活规律无不同自然环境有着密切的联系,而组成自然环境的各要素在空间上的地域性差异和在时间上的季节性、周期性的变化特点,必然要反映在生产的各个方面,使其也具有地域性、季节性和周期性。

地域性

农业生产的对象是生物,不同的生物要求不同的自然条件。动植物的生长发育需要空气、水分、阳光和各种养料,不同生物生长发育规律不同,各自要求适应不同的自然环境。世界各地的自然条件、经济技术条件和国家政策差别很大。自然条件包括:气候、水源、地形、土壤等;社会经济条件包括:国家的政策和措施、城市和工业的发展与分布、市场需要量、农业技术改革等。

季节性和周期性

动植物的生长发育有一定的规律,并且受自然因素的影响。作物生长发育受热量、水分、光照等自然因素影响,自然因素随季节而变化,并有一定的周期,所以农业生产的一切活动都与季节有关,从播种到收获需要按季节顺序安排,季节性和周期性很明显。同样,捕鱼、造林、畜牧也有季节性和周期性。

此外,农业生产的自然因素(尤其是气候因素)随季节而变化,并有一定的周期。

二、农业气候特征

长江三角洲的土壤主要属沼泽土和草甸土,滨海地区为盐渍土。淋溶型的地带性黄棕壤或黄褐土仅见于基岩孤丘。平原地区大部分已培育为肥沃的水稻土和旱地耕作土。长江三角洲物产丰饶,农业发达,盛产稻米、蚕桑和棉花,是中国著名稻米产区。苏州和杭嘉湖地区是中国重要蚕桑基地之一。滨海地带的棉花亦占国内重要地位。水产资源更为丰富。仅太湖即拥有鱼类达百种左右。阳澄湖、淀山湖以螃蟹著称。河口浅滩是繁殖河蟹幼苗的优良场所。

长江三角洲属中国东部北亚热带季风气候。温暖湿润,雨、热同期。年均气温15~16 ℃;最冷月平均气温2~4 ℃;最热月平均气温27~28 ℃。10 ℃以上活动积温4750~5200 ℃·d;生长期225~250 d。年降水量1000~1400 mm,季节分配较均匀。作物年可二熟至三熟(中国大百科全书出版社编辑部,1993)。长江三角洲具有以下气候资源特点:

①季风气候明显,四季分明,雨热同季,是经济发达的优势条件。

②光照充足,热量较丰富,雨量充沛,是发展高产优质高效农业的基础条件。

③光、热、水资源配合好,季节分配适宜,有利于发挥气候的生产潜力,各种产业、产品的生产水平高。

随着全球变暖,过去50多年来,长江三角洲地区的年平均气温也在持续升高,特别是从20世纪80年代中期开始,变暖趋势愈加明显,20世纪90年代年平均气温较60年代大多上升0.5 ℃以上,上海和宁波分别达1.2 ℃和1.0 ℃。气温上升幅度最大出现在冬季,夏季最小,90年代冬季平均气温比60年代高1.2~2.0 ℃。降水时空分布更加不均,年总日照时数和风速有随着年际增加而减少的趋势。根据长江三角洲国家基本/基准气象站的历史气候数据,1959—2005年,长江三角洲气温显著升高,相对湿度、风速明显降低和日照时数明显减少,而降水量和0 cm地温变化趋势不明显。蒸发量在1959—2001年显著减少。在1980年后,气温加速升高,相对湿度加速减少,0 cm地温显著升高。风速、日照时数和蒸发量则在1991年以后变化趋势都不明显。除个别气象站点外,整个长江三角洲气温显著升高,风速显著降低,日照时数显著减少,降水量变化不显著。相对湿度在长江三角洲多数地区显著降低。总云量在长江三角洲西部显著减少,低云量在苏南和浙江大部分地区都显著减少。0 cm地温在江苏高邮—溧阳、浙江鄞州—慈溪和上海地区显著升高,蒸发量除在长江三角洲西北、杭州湾附近和衢州、丽水、浦城站外都显著减少。城市化对长江三角洲年平均气温、相对湿度和0 cm地温的影响较为明显,而对年降水量、风速、低云量、日照时数和蒸发量的影响较小。

第二节 气候变化对农业生产的影响

一、气候变化对农作物的影响

1. 气候变化对农作物生长发育和产量的影响

二氧化碳浓度升高可使作物光合速率增大,这对作物生长有直接影响。农作物主要包括 C3 作物和 C4 作物。C3 作物主要分布在温带和寒带，包括大豆、小麦和水稻等；C4 作物主要分布在热带、亚热带，包括高粱、玉米、甘蔗等。这两类作物的生理生态过程及光合作用速率差异明显。大气中二氧化碳浓度的升高可以提高作物光合作用速率和水分利用效率，有助于作物生长，小麦、水稻、大麦、豆类等 C3 作物产量将显著增大，而二氧化碳浓度的升高对玉米、高粱、小米和甘蔗等 C4 作物助长效果不是很明显。现有研究指出，二氧化碳浓度倍增可使 C3 作物生长和产量增加 10%～50%，C4 作物生长和产量的增加在 10% 以下。例如二氧化碳浓度在 700 $\mu mol/mol$ 下，使大豆从三叶至结荚期的净光合速率比在 350 $\mu mol/mol$ 和 500 $\mu mol/mol$ 二氧化碳浓度下分别增长 42%～79% 和 13%～61%；二氧化碳浓度升高使水稻叶片光合速率提高 30%～70%（白莉萍等，2003）。同样也使小麦净光合速率增大，光合时间延长。然而二氧化碳浓度升高对植物生长的助长作用（也称"施肥效应"）也会受植物呼吸作用、土壤养分和水分供应、固氮作用、植物生长阶段、作物质量等因素变化的制约。这些因素的变化也可能抵消二氧化碳浓度升高的助长作用。

　　未来气候变化将对长江三角洲地区的水稻、小麦等主要作物的产量产生影响，主要原因是气候变暖对作物的生育期有明显影响。长江三角洲地区的平均气温每升高 1℃，生育期缩短 14～15 d。在目前的品种条件下，生育期缩短使分蘖速度加快，有效分蘖减少，导致总干重和穗重下降，产量降低，双季稻区早稻平均减产约 16%～17%，晚稻减产平均 14%～15%。气候变暖也使小麦的生育期缩短，长江三角洲地区的平均气温升高 1℃，小麦生育期则缩短 10 d（气候变化对农业影响及其对策课题组，1993）。对于冬小麦，暖冬年份冬季叶片生长量，比常年增加 0.1～2.5 叶；暖秋年份秋季叶片生长量，比常年增加 0.5～1.3 叶；早春暖年份叶片生长量，比常年增加 0.3～0.9 叶。秋季—初春持续偏暖天气的综合影响则更大，是造成长江三角洲地区冬小麦生产大面积叶龄超生，个体超高，群体超大，生育期超前的主要原因。就干暖与湿暖相比而言，湿暖更为不利，过于充足的水热易导致明显的旺长失控。

　　总的来说，气候变化对产量的影响可能主要来自于极端气候事件频率的变化而不是平均气候状况的变化。此外，温度直接影响光合作用速率和呼吸速率这两个决定生长的主要过程，作物生产率取决于这两个过程的结合。较高的温度如果出现在发育阶段，会加快作物的发育速度，从而使作物产量受到严重影响。

　　2. 气候变化对农作物品质的影响

　　全球环境变化对作物籽粒和饲料品质影响的重要性倍受关注。由于二氧化碳浓度的升高，会导致作物的光合作用增强，使根系吸收更多的矿物元素，有利于提高作物产品的质量。例如水果中的糖、柠檬酸、比黏度等均有所提高。但由于植株中含碳量增大，含氮量相对降低，蛋白质也会降低，粮食品质有可能下降，经济系数也可能下降，为了补充茎叶消耗的土壤养分，必须施更多的肥料。同时，白莉萍等（2003）研究表明，二氧化碳浓度升高对品质影响亦因作物品种而异。如水稻籽粒直链淀粉含量（决定蒸煮品质的一个主要因素）将随二氧化碳浓度升高而增大，对人体营养很重要的 Fe 和 Zn 元素则会下降。温度和二氧化碳浓度均升高的环境中水稻籽粒蛋白含量降低。二氧化碳浓度倍增环境下,大豆籽粒粗脂肪增加1.22%,饱和与不饱和脂肪酸分别增加0.34%和2.02%,而粗蛋白含量下降0.83%;玉米籽粒氨基酸、直链淀粉、粗蛋白、粗纤维以及总糖含量均呈下降趋势;冬小麦籽粒粗淀粉含量增加2.2%,而蛋白质和赖氨酸含量却分别下降12.8%和4%(吴志祥 等,2004)。

气候变暖将对长江三角洲地区夏熟作物的质量产生较大影响。每年的4—5月,正值夏熟作物灌浆关键时期,降水越多,越易产生涝渍灾害,同时造成日照时数偏少,出现有效积温不足等现象,也容易引起多种病害的发生,对夏粮单产和质量造成严重影响;反之,4—5月光照充足,降水正常,则有利于夏熟作物的光合作用,干物质累积较多,千粒重增大。此外,由于降水的增多,阴雨发生概率偏多,日照时数偏少,对小麦质量影响较大,小麦根系密集层的土壤含水量过大,土壤中水多气少,缺少氧气,导致根系呼吸障碍,根系活力下降,造成生理失水形成湿害。湿害致使土壤内产生 FeO 和 H_2S 等有毒物质,小麦根系恶化,影响根的发根能力。抽穗后的过湿对粒重尤其不利,阴雨天持续愈久危害愈大。

3. 气候变化对种植制度的影响

气候变化将使长江三角洲地区的平均气温普遍升高,就季节变化而言,气候变化会使冬季相对变暖。此外,气候变化下中国的降水变化略显复杂,总趋势是中国东北、西北、青藏地区的降水量将会增大,而长江三角洲地区的降水量则有可能减少。降水减少后,温度升高时蒸发加剧,降水蒸发差可能为负,土壤有效水分将会变小。长江三角洲地区未来温度升高可以减轻早稻烂秧和晚稻寒露风危害,但如升温的同时水分不增加,将使生育期缩短,伏旱、高温胁迫加重;而若降水增加,暴雨、洪涝将更加频繁,也会给农业生产带来不利影响。

气候变暖使中国年平均气温上升,从而导致积温增大、生长期延长,且种植成片北移。当年平均温度升高1℃时,不低于10℃积温的持续日数全中国平均可延长约15 d。全中国作物种植区将北移,如冬小麦的安全种植北界将由目前的长城一线北移到沈阳—张家口—包头—乌鲁木齐一线。气候变暖还将使中国作物种植制度发生较大变化。根据肖风劲等(2006)预测,到2050年气候变暖将使大部分两熟制地区被不同组合的三熟制取代,三熟制的北界将北移500 km之多,从长江流域移至黄河流域;而两熟制地区将北移至目前一熟制地区的中部,一熟制地区的面积将减少23.1%(图3.1)。

4. 气候变化对农业病虫害的影响

据统计,我国常年病虫害发生面积200亿~233亿 hm^2,是耕地面积的2倍多,每年因病虫害造成的粮食减产幅度占同期粮食生产的9%(霍治国 等,2000)。近20年来,受全球性气候异常变化影响,长江三角洲地区农作物病虫害的发生与致灾趋于复杂化,出现了以下新的特点:①一些常发性病虫持续出现大发生;②次要或潜在性病虫不断上升;③一些原已控制的病虫再度严重回升;④病虫害抗药性不断增强。尤其是近几年来,暖冬、春季高温水少致使水稻灰飞虱暴发,带毒率明显偏高,引起水稻条纹叶枯病大流行,常常导致水稻整株死亡,由于暖冬的持续出现,条纹叶枯病已成为水稻的重大病害。秋季气温偏高,也是水稻褐飞虱发生的主要原因。

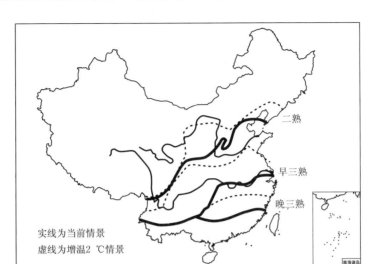

图 3.1　年平均气温升高 2 ℃时中国种植熟制南北界的变化(王修兰 等,1996)

　　未来气候变化将对长江三角洲主要农作物的病虫害产生较大影响,农业病虫害有加重的趋势。水稻褐飞虱等迁飞性害虫在虫源基数高和气候条件适宜的情况下,有大发生和特大发生的可能。未来南方水稻主产区将是早稻、一季中稻、一季晚稻和双季稻同时并存的局面,有利于水稻多种病害和虫媒的滋生繁殖与传播(李淑华,1993)。在种植结构调整中种植面积进一步扩大的优质稻多不抗稻瘟病,一旦穗期气候条件适宜,易引起稻瘟病流行。所以稻瘟病将是未来影响长江三角洲水稻生产的一大问题。稻纹枯病、稻白叶枯病未来也将有严重流行或局部地区大流行的可能。另外,麦的白粉病、赤霉病、纹枯病等不断扩大发展,麦蚜、吸浆虫等害虫的严重发生的可能性较大;棉花害虫伏蚜、红蜘蛛、棉铃虫等害虫都有严重发生趋势。

　　5. 气候变化对农业成本和投入的影响

　　在气候变化的大背景下,异常气候出现的概率将大大增加,尤其是极端天气现象的增多,区域气候灾害、荒漠化、沙尘暴的加剧,势必导致粮食生产的不稳定,从而提高农业成本;加上气候变化尤其是气温升高后,引起农业生产条件的改变,农业生产成本和投资大幅度增加,土壤有机质分解加快。加上气候的变化还会使灌溉成本提高,进行土壤改良和水土保持的费用增大。使农业的投资增大,提高了农业成本。

　　肥效对环境温度变化十分敏感,尤其是氮肥,温度增高 1 ℃,能被植物直接吸收利用的速效氮释放量增加约 4%,释放期缩短 3.6 d。因此,要想保持原有的肥效,就需加大施肥量,每次的施用量需增加 4% 左右。施肥量的增加不仅增加投入,对土壤和环境也不利。施入土壤中的氮素化肥,被植物吸收利用的只有 30%～50%,其他通过挥发、分解、淋溶流失(肖风劲 等,2006)。没有被作物利用的过量氮肥,通过淋溶或径流进入水体,可引起水体富营养化。氮氧化物是光化学反应的重要起始反应物,在一定条件下,能形成光化学烟雾污染。同时,它也是形成酸雨的重要原因之一。所以,气候变暖引起的氮肥施用量增加对农业的影响不仅仅是成本投入的增大,造成的环境问题对农业的影响也是不可低估。

二、气候变化导致的极端天气事件对农业生产的影响

1. 气候变化导致高温伏旱,影响农业生产

中国南方雨水资源丰富,但时空分布不均,存在严重的季节性干旱(伏秋旱)。每年的出梅入夏时,长江三角洲地区一直处于副热带高压的控制之中,原本属于海洋性气候的上海,经常会出现十几天的高温天气。江苏、浙江的气温不仅同样居高不下,而且在2003年浙江还发生了50 a一遇的大旱,旱情发展快、持续时间长,造成了巨大的经济损失。

长江三角洲地区是中国农产品(特别是粮食)的主产区,气候变暖会导致高温热害、伏旱将更加严重。自20世纪80年代后期以来,长江三角洲各地几乎均处于异常偏暖气候中,气温偏高的幅度之大,季节之长以及持续年份之多均为历年中所从未见过的。通过统计1961—2006年江苏省三大地区秋季农业干旱及重旱发生次数和概率,1986—2006年处于长三角的苏南地区的农业干旱、重旱发生概率比前25 a(1961—1985年)平均分别偏多16.1%和9.4%。

由于降水的时间空间分布不均,伏秋干旱经常发生;随着气候变暖,干旱发生频率和强度不断加大。这一现象对长江三角洲农业生产的影响已十分突出,暖温带也有程度不同的类似问题。高温胁迫的热害已经限制了作物生产,影响玉米、大豆、高粱、谷子等的种植和产量,水稻、棉花的生育也受到强烈抑制。例如:受旱后晚稻无法栽插,旱作整地出苗和立苗困难;季节性干旱导致果树、苗木以及特种经济作物等产品及品质严重下降,降低经济效益。温度升高对不同的生长季节有不同的效果,其影响程度视作物种类、地区和种植水平而异。

2. 气候变化会导致暴雨频发,形成洪涝灾害

近年来,中国局部地区频繁发生洪涝灾害,特别是1990年以来,长江、珠江、松花江、淮河、太湖、黄河均连续发生多次大洪水,洪灾损失日趋严重。在温室效应作用下,长江三角洲地区的大雨日数极有可能显著增多,特别是暴雨发生的天气会增多,气候趋于恶化,洪涝灾害发生频率增大;中国降雨带的变化受亚洲季风、海洋环流等多种因素的共同作用,全球变暖无疑会对这些因素产生影响,导致暴雨落区的移动。

长江流域自动观测站的资料显示,长江流域大部分地区的年平均降水量逐年上升,其中夏季降水量显著增大,暴雨日数增多。除此之外,长江上游地区的夏季暴雨期不断提前,而此时,长江三角洲地区正值梅雨季节,两股大水并发,使得原本不难消化的上游来水成为一种负担,洪灾发生的概率也随之增大。暴雨频率增加,将直接导致水土流失和土壤侵蚀加剧,从而增大滑坡、泥石流等地质灾害的发生频率和强度,这些都将严重影响当地的农业生产。

3. 气候变化将会影响渔业生产

长江三角洲地区位于中国东南部,沿海大陆架和所属经济区范围广阔,具有许多优良渔场,东海渔场是中国最大的传统捕捞区,捕捞量约占全国的 37%。渔场和鱼汛期直接受海流、海温影响,气候变化会影响海流、海温,因而渔业生产对气候变化的反映较为敏感。全球气候变暖会引起海水温度的升高,水温的变化会直接影响鱼类的生长、摄食、产卵、洄游、死亡等,影响鱼类种群的变化,并最终影响到渔业资源的数量、质量及其开发利用。中国科学院地理科学与资源研究所研究员刘允芬(2000)对中国沿海主要鱼种的生长进行了动态模拟,讨论了气候变化引起的海水温度升高对渔业生产的可能影响,有关模拟研究的结果表明,水温升高有可能使冷水性鱼分布范围缩小,性成熟年龄提前,减少怀卵排卵量,降低幼鱼成活率;进而导致成鱼龄缩短,体重减轻和出现"逃避行动";最终造成成鱼数量减少、渔获量下降。而对于暖水性、温水性以及广温性鱼类而言,水温升高亦有可能对它们的生长、繁殖有不同程度的负面影响。中国四大海区主要经济鱼种的产量和渔获量在气候变化后都将有不同程度的降低,产量降低幅度在 5%~15%,渔获量降低幅度在 1%~8%。

由于气候变化导致暴雨频发,水库将有可能被冲垮,水库被迫开闸放水,从而将平时局限在某些河道与水库里的污水漫延到河流与养鱼塘中,污水经过之处,饲养的鱼就会被污染甚至死亡,给渔业生产甚至人民的身体健康带来危害。

4. 气候变暖导致海平面上升影响沿海地区农业生产

气候变暖海平面升高又将影响长江三角洲地区的海岸带和海洋生态系统。在全球变暖的大背景下,海平面也在持续上升,在过去 50 年,中国沿海海平面平均每年上升 2.5 mm,这个速度高于全球平均值(杜碧兰,1997)。长江三角洲地区受海平面上升的威胁极大,将可能将沿海地区大片地势较低的农田淹没,造成该地农民无田可种,导致一系列社会经济问题。上海由于大量地下水抽取和高层建筑群的建设导致的地面沉降,相对海平面上升幅度还要大,使得目前上海防洪(潮)标准大幅度降低。其结果会导致长江三角洲地区海岸区遭受风暴影响的机会增多,程度加重。此外,海平面上升还会造成其他负面影响,如海水倒灌,影响内河的渔业生产;也会导致农田盐碱化,影响农业生产。

第三节　农业对气候变化脆弱性评估及适应性对策

一、脆弱性的内涵

脆弱性最早用于灾害学领域,表示被伤害的程度。20 世纪 80 年代末 90 年代初,气候变暖问题受到国际广泛关注,1988 年成立了政府间气候变化专门委员会(IPCC),并于 1990 年发布第一次评估报告,对气候变化的脆弱性进行了初步论述(IPCC,1990)。脆弱性问题开始受到普遍关注。1996 年 IPCC 发布了第二次评估报告,并给出了气候变化敏感性和脆弱性的初步定义：敏感性是指一个系统对外界条件变化的反应程度，如由一定的温度或降水变化引起的生态系统的构成、结构、功能以及初级生产力的变化程度；脆弱性是指气候变化可能危害或伤害一个系统的范围或程度，是一个系统对气候变化的敏感性（系统对给定气候变化情景的反应，包括有益的和有害的影响）和系统对气候变化适应能力（在一定气候变化情景下，通过实践、过程或结构上的调整措施能够减缓或弥补潜在危害或可利用机会的程度）的函数（IPCC，1996）。1997 年 IPCC 又发布了《气候变化区域影响：脆弱性评估》特别报告，对气候变化脆弱性的评估范围、问题的本质以及评估方法做了详细的介绍，为气候变化脆弱性研究提供了科学的参考和指导作用。

在 2008 年 IPCC《气候变化 2007 综合报告》中根据多数研究者对脆弱性的认识和理解进一步明确了气候变化脆弱性的定义：脆弱性是指某个系统易受到气候变化的不利影响，包括气候变率和极端气候事件，但却无能力应对不利影响的程度。脆弱性随一个系统面临的气候变化和变异的特征、幅度和速率、敏感性及其适应能力而变化。该定义得到了国际学术界的普遍认可。

随着理解和研究的深入，人们逐渐认识到农业对气候变化的脆弱性是研究气候、经济和社会等多重胁迫对农业的综合影响。脆弱性更关心的是可能受到侵害的结果而非原因，所以更重视适应对策和调整措施，更注重采取什么样的应对手段以减缓或消除气候变化引起的潜在危害。脆弱性的高低反映的是系统对气候变化影响的应对程度，是个体或类别间的一个相对概念，而不是一个绝对的损害程度的度量单位。脆弱性高的地区即使应用了相同的补偿措施，其受到气候变化负面影响的可能性也比其他地方相对要大。农业对气候变化的脆弱性是敏感性和适应能力的综合体现。

二、农业气候脆弱性研究的主要方法

脆弱性研究一般是通过寻找特定的研究群体或单元（无耕地的农民、农业等），识别研究单元承受多种胁迫造成负面结果的风险程度，以确定一系列减缓或适应胁迫的措施。脆弱性评价方法可分为定性分析法和定量分析法两种。定性分析是根据经验和历史资料，对评估系统的历史演变、当前状况进行描述性的刻画，例如，蔡运龙（1996）定性地探讨了未来气候变化对中国农业的潜在影响，并提出应对气候变化的适应政策。定量分析法则是对评估系统的历史变迁、脆弱性、稳定性及外部环境胁迫对系统可能造成的影响进行定量描述的一种方法。根据评价单元和目标的差异，数据的可利用性以及社会经济情景差异，脆弱性的研究方法主要包括以下几种：

（1）实地调查法

当可用资料缺乏时，直接咨询和田间调查相结合的方法是评价农业气候变化脆弱性的最好方法。这种方法主要是通过选取容易获取的指标进行实地咨询调查，再进行综合定性分析确定农业的脆弱性。可选指标很多，如作物产量、人均收入、营养水平、作物的管理措施、收入来源及减缓措施等。

（2）产量分析法

作物对气候变化最直接的响应主要反映在作物产量的变化上。通过作物产量变化分析进行农业脆弱性研究，主要是将气候波动期的作物产量与正常年份的作物产量进行比较，根据作物产量的变化情况，进一步分析农业的敏感性和脆弱性。因为作物产量的历史记录数据或异常年份的产量数据可靠性大，使得研究结果相对比较准确。

（3）相似分析法

可分为时间相似法和空间相似法两种。时间相似法主要是在时间序列数据不足的情况下，采用模型进行相似模拟得到的所需数据。空间相似分析法用来预测在未来气候变化条件下，哪些地区的气候特征与目前另一些地区的气候特征相似从而预先采取一定的适应措施。空间相似分析法能提供未来气候对农业影响的一些信息，对新品种引入，种植制度调整等有借鉴意义。通过这些信息可以评价地区的适应能力，进行脆弱性评价。相似分析法主要用来填充脆弱性研究信息的不足。

（4）案例研究法

气候变化影响和适应评估组织（AIACC）已在全球进行了多个农业脆弱性的案例研究，可以选择国家、区域或地区等不同尺度。由于案例研究选择目标的不同，如果评价目标是特定事件的敏感性、脆弱性以及适应性时，进行综合案例研究比较适宜。王馥棠等（2003）进行的黄土高原地区农业生产对气候变化的脆弱性研究就是典型的案例研究，通过实地考察、问卷调查等结果，选择了敏感性指标和适应能力指标，采用专家评分和 AHP 层次分析法分配指标权重，计算脆弱性，确定了黄土高原陕甘宁区农业生产的气候变化脆弱性分布状况。

（5）统计模型法和物理模型法

由于计算机技术的发展，利用计算机进行模拟研究已成为热点。作物模型有作物产量统计模型和作物生长/土壤/大气机理模型两种。气候情景数据可以由全球气候模式或区域气候模式输出，也可利用相似的历史数据。将作物模型和气候情景模型相结合，利用作物产量、生长期等的变化，研究农业的气候变化敏感性和脆弱性。还可以将作物模型输出的产量数据输入到经济模型中，通过产量的变化研究气候变化下农户收入、国际贸易等的敏感性和脆弱性。

（6）综合评估法

综合评估方法主要包括气候情景设计、敏感性分析、脆弱性指标确定、适应对策的调查统计、适应能力测定和气候脆弱性评价 6 个部分。目前，很多研究都采用综合评估方法进行脆弱性评估。如殷永元等通过选择关键性指标、确定指标临界值、确定各指标对系统脆弱性和适应能力的相对重要性，运用模糊形态分类模型对中国西部黑河流域的气候脆弱性和适应能力进行了综合评价，是该方法的一个典型的例子。

三、农业对气候变化的脆弱性分析

中国从"八五"开始气候变化影响的脆弱性与适应性研究，重点选择了农业、森林、水资源等主要经济部门开展气候变化影响的脆弱性评估，初步划定了气候变化的敏感和脆弱地区。而对农业的敏感性和脆弱性研究相对较少,蔡运龙(1996)定性分析了气候变化对农业的影响及农业环境和农业系统脆弱性,提出了农业对气候变化的适应对策和建议。林而达和王京华(1994)通过对全国降水量和蒸发量的统计分析,研究了中国农业对全球变暖的敏感性,并划分了中国的农业敏感区,同时依据灌溉面积和耕地面积的比率、农牧业用地和已利用土地的比率、产量和复种指数、受灾系数和农民收入5个非气候指标对中国农业的脆弱性进行了评价,得出了中国农业气候脆弱性分布图,这5个组合评价结果表明,华北和西北的脆弱区域比较集中,其中山西和内蒙古的脆弱性最高,其次是甘肃、陕西、青海、宁夏、河北等。赵跃龙和张玲娟(1998)等通过选取多种影响敏感因子、确定不同因子的权重、计算脆弱度的方法对中国脆弱环境和生态系统进行了评价分析。王馥棠和刘文泉(2003)采用实地调查、专家评分和AHP层次分析法相结合的方法对中国黄土高原陕甘宁区农业生产的气候变化脆弱性进行了评估。最近几年,许多学者利用作物模型与气候模型相结合的方法,依据作物产量的变化率进行气候变化的敏感性和脆弱性研究。利用区域气候模式、作物模型、社会经济情景和地理信息系统技术等的综合研究方法将是未来农业气候变化敏感性和脆弱性研究的主要方法。

农业对气候变化的脆弱性则是指农业系统容易受到气候变化(包括气候变率和极端气候事件)的不利影响,且无法应对不利影响的程度,是农业系统经受的气候变异特征、程度、速率以及系统自身敏感性和适应能力的反映。农业对气候变化的脆弱性往往和极端天气气候事件有关,当生物遭遇到所能承受的阈值时呈现出脆弱性,导致一个系统从某一主要状态转变为另一个主要状态。未来全球气温和降雨形态的急剧变化,可能使许多地区的农业和自然生态系统无法适应或不能很快适应这种变化,造成大范围的植被破坏和农业灾害,产生破坏性影响。脆弱性往往仅针对一个或少数几个指标,并可能存在一个阈值,不管是喜凉作物或是喜温作物都存在所能承受的温度最低阈值与最高阈值,当温度一旦突破阈值时,作物就会停止生长甚至死亡。

1. 农业生产对低温雨雪冰冻天气的脆弱性分析

长江三角洲地区的农业生产对冬季的低温雨雪冰冻天气表现脆弱,具体表现在以下几个方面,一是农作物品种不耐低温,很多果树、蔬菜品种在0℃以下就会冻伤;二是农业基础设施建设标准低,面对暴雪和冰冻,畜禽栏、蔬菜大棚会严重倒塌;面对严重积雪的适应性差,缺少清雪除冰的有效应急措施。2008年初的暴雪在中国北方地区只是一个普通的现象,而出现在南方地区却造成巨大的损失。例如2008年初,江苏省遭遇了罕见的低温雨雪冰冻天气,农业直接经济损失10.9亿元,约占整个直接经济损失的50%,由于蔬菜大棚、园艺设施发生倒塌,导致棚内反季节蔬菜作物受冻,局部甚至绝收。持续的低温寡照,减弱大棚增温效果,棚内植株生长缓慢,生育期推迟,产量明显降低。低温还导致果树、蟹苗生育期推迟,产量下降。长江三角洲地区的农业生产对低温雨雪冰冻天气较为脆弱,农业生产基础设施如畜禽栏、蔬菜大棚的建设标准较低,无法适应90 mm的积雪和冰冻,畜禽栏、蔬菜大棚严重倒塌,农作物无法适应−1.1 ℃的低温,裸地蔬菜大面积冻死,设施蔬菜因大棚倒塌受损冻坏,畜禽因栏舍倒塌而冻死,从而造成重大经济损失。

2. 农业生产对干旱的脆弱性分析

农业生产到目前为止还没有摆脱"望天收"的基本局面,农业对干旱的脆弱性具体表现在:气候变化造成的降水出现区域性与季节性不均衡,很容易导致季节性干旱,不能够满足农作物在特定生长期对水分的需求,作物根系从土壤中吸收到的水分难以补偿蒸腾的消耗,使植株体内水分收支平衡失调,作物正常生长发育受到严重影响乃至死亡。以小麦为例,干旱使小麦根系活力降低,在一定程度上影响多项生理活动,水分的缺乏影响叶绿素的合成,并在一定程度上加速叶绿素的分解,限制了光合作用的进行,苗期分蘖减少,生长缓慢。因此,在测定农业生产对季节性干旱的脆弱性时,不能够仅考虑年平均降雨量,而是应该针对各地的自然灾害特点测定农作物生长特定时期的降雨量。长江三角洲地区的农业生产对于季节性干旱表现较为脆弱,一旦发生重大旱情,如不采取有效的抗旱措施,将使农业生产遭受严重损失。例如 2003 年浙江省发生干旱,这次旱灾持续时间长、范围广、面积大,严重影响当地农业生产。全省农作物受旱面积达 875.2 万亩[①],其中,粮食作物受灾面积 432.3 万亩,成灾 277.0 万亩,绝收 40.2 万亩;经济作物受灾面积 442.9 万亩,成灾 275.6 万亩,绝收 42.5 万亩,牲畜、家禽死亡 54.8 万(头、只),造成农业直接经济损失 24.5 亿元。

3. 农业生产对洪涝灾害的脆弱性分析

洪涝灾害会对农业生产带来一系列影响。农业对洪涝灾害的脆弱性具体表现在以下几个方面:一是强降水导致农田出现内涝,农田被冲毁,而且被冲毁的农田土壤肥力流失严重,不仅造成当季绝收,还会对补种、改种作物产生不利影响;二是强降水会抑制水稻等作物生长发育,稻田灌水过深,造成含氧量少,使分蘖受抑制,直接影响产量;三是南方地区处于开花授粉阶段的早稻、玉米、大豆、花生等作物如受暴雨冲刷,会使授粉结实率受到较大影响,不利于后期产量形成;四是持续阴雨严重影响水果生产,使实膨大减慢,成熟期推迟,造成落果、裂果,降低水果品质;五是持续阴雨天气会导致田间过湿,造成旱地作物(棉花、大豆等)根系发黑,生长停滞甚至淹死;六是部分地区在出现强降水的同时还伴随着大风、冰雹等强对流天气,这将导致作物倒伏和水果落果,如玉米出现倒伏,柑橘、荔枝、芒果落果增加,产量和品质受到很大影响,采收后易腐烂。所有这些将降低产量与品质,从而造成经济损失。长江三角洲地区农业生产对洪涝灾害表现脆弱,农田水利排灌设施较为薄弱,无法适应日降雨量超过 20 mm 的暴雨的冲击。2003 年 6 月下旬以来,江苏各地连降大雨、暴雨,河水暴涨,暴雨形成的明涝暗渍和持续的高湿阴雨天气,导致水稻、玉米、大豆等农作物生长发育严重受阻,病虫害加重,部分田间作物已出现受淹枯死和渍害烂根现象,严重影响农业生产。受暴雨袭击,全省农作物受灾面积约 2000 万亩,严重受灾面积 670 万亩,其中,旱粮 221 万亩,棉花 183 万亩,水稻 93 万亩。

---

① 　1 亩 $= \dfrac{1}{15}$ hm^2。

4. 农业生产对台风的脆弱性分析

中国是世界上受台风影响最严重的国家之一,每年有 7～8 个台风登陆中国,台风登陆时中心附近风力可超过 12 级,足以摧毁房屋建筑,吹倒庄稼、树木,对农业生产影响很大。中国台风登陆以 7—10 月最为集中,此时正是农作物的生长季,也是水产养殖的旺季,水旱作物、蔬菜、果树和渔业养殖都会受到影响。台风具有惊人的摧毁力,狂风所到之处,大树被折断,蔬菜大棚被吹倒,即将成熟的水果被吹落;台风冲毁损坏围网,造成鱼蟹大量逃逸。人类还没有办法抵御台风,农业生产面对台风袭击极其脆弱。例如,2009 年台风"莫拉克"于 9 日 16 时 20 分在福建霞浦县登陆,造成浙江省温州市、台州市、嘉兴市秀洲区、海盐、桐乡、嘉善,丽水青田、景宁,金华磐安等县(市、区)受灾。根据温州、台州、嘉兴、丽水、金华等市防汛指挥办公室报告,上述 27 个县(市)454 个乡镇农作物受灾面积 143.2 千 hm²,成灾农田面积 66.3 千 hm²,绝收面积 17.7 千 hm²,因灾减产粮食 15 万 t,死亡大牲畜 3771 头,水产养殖损失 10.1 千 hm² 2.2 万 t。台风"云娜"强度大,影响范围广,狂风暴雨,对浙江省农作物造成明显影响,尤其是遭台风正面袭击的东南沿海地区受灾最重,低洼地区农田严重积水,作物受淹,棉花植株倒伏,部分果树树身刮弯,树枝被折断,设施蔬菜大棚被掀翻,损失惨重。此次台风灾害共造成浙江直接经济损失 22.5 亿元,其中农业直接经济损失 9.2 亿元。

四、农业生产应对气候变化的适应性对策

调整种植结构,充分利用气候资源

目前中国的种植制度是以热量为主导因素的,大致分为一熟、二熟和三熟 3 种类型。气候变暖后,因积温增加和生长期的延长,一熟区的南界将北移 250～500 km,双季稻区和三熟区北界也将北移。因热量条件的改变,复种面积将扩大,复种指数将提高,对水分的需求增大,未来水分将取代热量成为复种面积扩大的主要限制因素。对此,长江三角洲地区农业需要调整种植制度和农业结构,充分利用农业气候资源,农业管理部门应根据当地气候变化特征,及时调整种植结构,优化种植模式,趋利避害,充分挖掘气候资源潜力,提高农业经济效益。

加强农田水利基础设施建设

长江三角洲地区的农田水利基础设施建设工程始建于 20 世纪 50 年代,大部分工程是因陋就简、因地制宜、就地取材,利用沟、塘、坡地兴建起来的,工程起点低,质量较差,很多工程已基本接近其使用寿命。干渠、支渠的衬砌比重小,而斗、毛、农渠的渗透系数很大,涵管、渡槽、闸等建筑物破损失修也十分严重。所有这些形成了渠系水利用系数较低,暴雨期间蓄水集雨能力不足。因此,政府主管部门应增大对农田水利基础设施建设的投入。尤其是要加强渠系固化防渗、浅层地下水开发和配套工程建设,优化灌渠的输水功能,减少输水渠道漏水、渗水,提高灌溉水利用效率。

发展设施农业

设施农业作为现代农业的显著标志,具有生产集约化程度高、技术密集、商品化率高等特点,发展设施农业是发展现代农业的有效途径。长江三角洲地区把发展设施农

业作为提高农业综合生产能力、推进新农村建设、增加农民收入的重要举措,特别是瓜菜设施种植业发展较快,成效更加显著。但是,从目前设施农业的发展情况来看,还存在着许多问题,尤其是标准化建设问题极为突出。2008 年初的雪灾,对温室大棚等蔬菜设施产生了直接的损坏,仅江苏省倒塌的园艺、设施大棚就达到 6.8 万亩,其中南京江宁谷里 2800 个钢管大棚成片倒塌,约占 50％,连栋大棚全部压塌,傅家边玻璃温室倒塌,溧水博士牛公司连栋大棚也全压塌,造成冬春栽培的茄果类蔬菜严重受冻,部分枝叶冻死,叶片薄而黄,生长不良,落花落果严重。为此,有关部门应统一制定日光温室、大棚等的建设标准,在单栋面积、工作间面积、建设材料、棚膜质量等方面提出明确要求,各地区要严格按标准执行,发现问题马上责令限期整改,确保施工质量。

大力发展节水农业

农业是中国国民经济的基础产业,也是典型的用水大户,农业用水主要消耗于灌溉。中国目前灌溉面积已达 7.4 亿亩,居世界首位,但灌溉水利用率很低,只有 40％ 左右,一些发达国家可超过 80％,说明浪费严重。另外,我国灌溉水利用效率也很低,每立方米水生产粮食不足 1 kg,不到发达国家的一半,远未做到科学用水。气候变暖和干旱将使水分成为困扰农业发展的重要因素。因此,长三角地区应大力发展节水农业,改善灌溉系统和灌溉技术,推行畦灌、喷灌、滴灌和管道灌,加强用水管理,实行科学灌溉;改进抗旱措施,推广农业化学抗旱技术,如利用保水剂作种子包衣和幼苗根部涂层,在播种和移栽后对土壤喷洒土壤结构改良剂,用抗旱剂和抑制蒸发剂喷湿植物和水面以减少蒸腾和蒸发;推广地膜或秸秆覆盖技术与节水农业发展模式,大力发展水稻旱植技术,用薄膜覆盖抑制蒸发、提高地温、抑制杂草病虫害等。改变以往的稻田漫灌、串灌水等浪费水资源的现象。

选育抗逆性强的新品种,增强农作物抵御自然灾害的能力

气候变化将迫使育种机构选育抗逆性强的新品种,增强农作物抵御自然灾害的能力。首先是对作物的抗逆性要求:耐高温、耐干旱、抗病虫害,以应对气候变暖和干旱的影响;抗紫外线,特别增强对 UV-B 的抗性;耐盐碱,即使在海平面升高,沿海滩涂盐碱加重时也不影响对滩涂盐碱地的开发利用;其次是对作物的生理特性的要求:高光合效能和低呼吸消耗,即使在生育期缩短的情况下也能取得高产优质;对光周期不敏感,即使在种植界限北移时也不因日照条件的变化而影响产量。

加强应对气候变化的农业技术措施的研发

加强农业技术措施的研发来应对气候变化,如节水高效种植模式和配套节水栽培技术研究;土壤管理保水技术和作物抗旱生理的应用研究,研究耕作、覆盖等土壤管理技术的保水效果和技术规范;研究和开发活性促根剂促根抗旱技术;多水源开发利用技术研究,研究雨水集蓄技术和浅层地下水开发利用技术等。

改善农业生态环境,推行生态农业

生态农业作为一种综合的、系统的、具有地方特点的农业生产方式,与其他方式相比能够更好地应对气候变化。发展生态农业对于减缓气候变化的影响具有明显的作用,在建设集约高产基本农田,制止滥砍滥伐的基础上,可以通过绿化造林、农林结合、

有机物还田、少耕或免耕覆盖等措施,增加单位土地上的林木生长量和土壤有机物含量,使两者逐步成为吸收大气 CO_2 的重要调蓄库。农业释放的另外两种重要温室气体——CH_4 和 N_2O 也应从改进水田管理、改良草食畜种及饲养技术、控制化学氮肥使用及反硝化过程等途径加以有效抑制,从而改善农业气候生态环境,推行生态农业(中国国家自然科学基金委员会生命科学部,1994)。

推广植树造林,扩大城市绿化面积

城市是人类活动最集中、最剧烈的地方,城市排放的热和温室气体最多,因此,城市往往成为热岛。人们不得不付出高昂的电费,度过炎热的夏天,同时还带来了负面的效应,电能转换成热能,更增加了室外环境温度。提高城市的绿色覆盖面积,不仅能固定 CO_2,而且能降低城市的环境温度,节省能源,减少热排放,降低太阳光热对地—气的抽吸作用,形成良性循环。近 10 多年来,不少城市在绿化建设上下了功夫,人均绿地面积有所增大,局部改善了中心城区的小气候。因此,在城市周围凡适于建森林公园的地方,均应建立森林公园,使其成为城市的"肺"。

加强对气候变化及影响的研究

科技进步和科技创新是减缓温室气体排放、提高气候变化适应能力的有效途径。要加强科学研究,不断地改进和提高人类对气候系统及其变化的认识。要研究长期气候变化趋势,全面了解过去已经发生的变化,深入研究全球气候系统中各圈层的相互作用和温室气体的循环过程。长江三角洲各地区要高度重视工业化、城市化造成的温室气体等污染超排给气候带来的负面影响。建议各市政府将气候变化及影响的研究,作为制定"十一五"计划的基础性工作之一。要组织协调环保、气象、地震等相关部门的力量进行大气环境承载力的评估分析工作,密切关注全球气候变化的大环境以及长江三角洲区域城市化和经济快速发展的附加影响。

做好城市的布局规划

要认真研究和解决好城市的合理布局规划。鉴于长江三角洲地区大城市人口、建筑过于集中对局地气候的负面影响已日益显现,建议政府要合理布局人口规模和产业带问题,要在城市建设和产业发展中突出节能降耗的要求,加强资源节约型社会发展模式和相关技术的研究与应用。

加大宣传,建设节约型社会

要从建设资源节约型、环境友好型社会的要求出发,唤起政府和全民的节能与环保意识。政府要通过各种渠道和宣传媒体,充分发挥传媒舆论优势,进行危机感、紧迫感和责任感的教育,提高人口素质,使越来越多的人认识到温室效应所导致的灾害已经开始,气候正在日益变暖,引起公众对气候变化和生态环境问题的广泛关注,唤起全民的节能和环保意识。要尽快建立和完善政府政绩的综合评估指标体系和考核机制,把经济发展与对环境气候影响作为政府工作的重要考核,形成协调可持续发展的科学导向。

加强地区合作,实现综合治理

作为"长江三角洲"龙头的上海更要充分发挥上海区域气象中心的职能,建立定期召开"气象工作会议"等制度,增加对气象部门研究经费及高科技设施的投入,提升上海气象部门的实力和能力,更好地发挥上海区域气象中心在"长江三角洲"地区十六城市的牵头作用。政府有关部门应组织力量,加强对气候变化及其影响的研究,进一步弄清"长江三角洲"地区气候变化规律及其影响。此外,有关部门还要研究创建跨省、市区域的气候变化和生态环境保护与建设的协调机制。要实现统筹规划、信息共享、综合治理,进一步创新"长江三角洲"区域环境保护的体制。

加强农业灾害性天气的中长期预测和预报

气候变化导致农业气象灾害出现一些新的变化,总的趋势是灾害发生更加频繁、灾害强度更大、损失更重。因此,长江三角洲各省市必须加强农业灾害性天气中长期预测、预报,提前做好预防工作,真正提高防灾、减灾意识,增加农业科技、资金等方面的投入,建设诸如气候变化和气象灾害自动监测预警系统,完善防灾体系,提高防灾、抗灾的能力。加强灾害性天气的监测和预警能力,提高对极端气候事件的预警与响应能力;把适应气候变化纳入到地方政府的社会经济发展规划中,保证应对气候变化的政策和措施得以充分贯彻和有力实施。

完善水资源管理的运行机制

在水资源短缺的局面下,良好的水资源管理运行机制可以调节供求关系、提高用水的效率,减少用水冲突和水资源的浪费。进行水权、水价和水利机构的体制改革。探索政府及水政部门、水资源经营企业、用户(农户、农场等)以及科研与技术推广部门共同参与的水资源管理与开发使用的运行机制及配套措施。

促进全球合作,减少温室气体排放

气候变化是环境问题中最重要的方面,缺乏环境意识是环境灾害发生的重要原因。要树立全球一体化思想,全球气候变暖问题不仅是一个科学问题,也是一个与人类社会可持续发展紧密联系的社会问题。一地气候的异常绝非只是影响局部区域,它往往通过大气环流影响整个地球环境,只有全世界各国携起手来,共同减少温室气体排放,才能从根本上解决问题。

小结

气候变化改变了农业生产环境条件,可能会引起农业生产不稳定性增强,带来农业生产布局的改变和结构调整;增加粮食单产的年际间波动性;使农业防灾减灾和生产管理的成本和投资额外增加,已经引起了国际社会广泛的关注。

自20世纪80年代以来,长江三角洲地区工业化、城市化进程明显加快,经济发展、人类活动对该地区气候、环境与生态系统产生了十分显著的影响。随着全球变暖,过去50多年来,长江三角洲地区的年平均气温也在持续升高,特别是20世纪80年代中期开始,变暖趋势越加明显,降水时空分布更加不均,年总日照时数和风速有随着年际增加而减少的趋势。

气温升高会造成长江三角洲地区冬小麦生育期提前,个体偏弱,群体过大,严重影响产量和品质。过于充足的水热资源易导致作物旺长,更加难以通过生产管理措施来调节,同时将加重田间渍害引发病、虫、草害加重发生,恶化植株生长环境,引发光合功能下降,加速生育进程,缩短灌浆等关键生育期,降低产量和品质。

长江三角洲地区位于长江以南温暖湿润的亚热带地区,是中国南方双季稻的主要产区,未来气候变暖使得热量资源更为丰富,如果不改良水稻的品种和种植方式,未来气候变暖情景下由于夏季高温的影响,稻米的质量可能会变得更差。长江流域大部分地区的年平均降水量逐年上升,其中夏季降水量显著增大,暴雨日数增多。

除此之外,长江上游地区的夏季暴雨期不断提前,而此时,长江三角洲地区正值梅雨季节,两股大水并发,使得原本不难消化的上游来水成为一种负担,洪灾发生的概率也随之增大。暴雨频率增高,将直接导致水土流失和土壤侵蚀加剧,从而增加滑坡、泥石流等地质灾害的发生频率和强度,这些都将严重影响农业生产。

未来气候变化将对长江三角洲地区主要农作物的病虫害产生较大影响,农业病虫害有加重的趋势,稻瘟病将是未来影响长江三角洲水稻生产的一大问题。另外,白粉病、赤霉病、纹枯病等不断扩大发展,麦蚜、吸浆虫、红蜘蛛、棉铃虫等害虫也都有严重发生的可能。

长江三角洲地区位于中国东南部,沿海大陆架和所属经济区范围广阔,具有许多优良渔场。渔场和鱼汛期直接受海流、海温影响,气候变化会影响海流、海温,因而渔业生产对气候变化的反应较为敏感。全球变暖会引起海水温度的升高,水温的变化会直接影响鱼类的生长、摄食、产卵、洄游、死亡等,影响鱼类种群的变化,并最终影响到渔业资源的数量、质量及其开发利用。在全球变暖的大背景下,过去 50 年,中国沿海海平面平均每年上升 2.5 mm。海平面上升会形成海水倒灌、侵蚀海堤、农田盐碱化、海潮顶托,造成洪水难以及时下排,对防护工程造成了重大影响,降低了其防灾能力,对沿海农业生产安全构成威胁。

为此,长江三角洲地区应调整种植结构、加强农田水利基础设施建设、发展设施农业、发展节水农业、选育抗逆性强的新品种、加强农业技术研发、推行生态农业、推广植树造林、加强地区合作、提高灾害监测预警水平、完善水资源管理体制,促进全球合作,积极应对气候变化对农业的影响,确保农业增产、农民增收。

参考文献

白莉萍,林而达,2003.CO₂ 浓度升高与气候变化对农业的影响研究进展[J].中国生态农业学报,**11**(2):132-134.

蔡运龙,1996.全球气候变化下中国农业的脆弱性与适应对策[J].地理学报,**51**(3):202-212.

杜碧兰,1997.海平面上升对中国沿海主要脆弱区的影响及对策[M].北京:海洋出版社.

霍治国,刘万才,2000.试论开展中国农作物病虫害危害流行的长期气象预测研究[J].自然灾害学报,**9**(1):117-121.

李淑华,1993.气候变暖对病虫害的影响及防治对策[J].中国农业气象,**14**(1):41-47.

林而达,王京华,1994.我国农业对全球变暖的敏感性和脆弱性[J].农村生态环境学报,**10**(1):1-5.

刘允芬,2000.气候变化对我国沿海渔业生产影响的评价[J].中国农业气象,(4):1-5.

气候变化对农业影响及其对策课题组,1993.气候变化对农业影响及其对策[M].北京:北京大学出版社.

气候变化国家评估报告编写委员会,2007.气候变化国家评估报告[M].北京:科学出版社.

秦大河,2004.气候变化的事实、影响及我国的对策[J].外交学院学报,(77):14-22.

王馥棠,1994.我国气候变暖对农业影响研究的进展[J].气象科技,(4):19-25.

王馥棠,刘文泉,2003.黄土高原农业生产气候脆弱性的初步研究[J].气候与环境研究,**8**(1):91-100.

吴志祥,周兆德,2004.气候变化对我国农业生产的影响及对策[J].华南热带农业大学学报,**10**(2):7-11.

肖风劲,张海东,王春乙,等,2006.气候变化对我国农业的可能影响及适应性对策[J].自然灾害学报,**15**(6):327-331.

谢健,刘景时,2006.气候变暖了,雪域高原的未来在哪里?[J].生命世界,(12):16-17.

赵跃龙,张玲娟,1998.脆弱生态环境定量评价方法的研究[J].地理科学,**18**(1):73-79.

中国大百科全书出版社编辑部,1993.中国大百科全书[M].北京:中国大百科全书出版社.

中国国家自然科学基金委员会生命科学部,1994.全球变化与生态系统[M].上海:上海科学技术出版社.

IPCC,1990. Impacts Assessment of Climate Change-Report of Working Group II[R]. Australia: Australian Government Publishing Service.

IPCC,1996. Climate Change 1995: Impacts, Adaptations and Mitigation of Climate Change : Scientific-Technical Analyses[R]. UK: Cambridge University Press.

IPCC,2001. Climate Change 2001: Impacts, Adaptation and Vulnerability[R]. UK: Cambridge University Press.

气候变化对长江三角洲地区自然生态系统的影响

张增信　陆茜（南京林业大学）

孙赫敏（中国气象科学研究院）

引言

　　自然生态系统是指一定空间中的生物群落及其环境组成的系统。它包括生物物种和遗传多样性的全体,具有持续的向人类提供自然资源和生存环境两方面多重服务的功能,包括提供食物、医药、工农业生产原料等物质基础,维持生物地球化学循环、水循环、大气平衡与稳定等地球生命支持系统,孕育生态文化和艺术灵感等美学价值等。全球 10％以上的陆地是耕地,其余部分的陆地或多或少是人类难以控制的,其中 30％是自然森林。气候是决定局地自然生态系统生物群落的主要因素,它能改变一个地区对不同物种的适应性,并能改变生态系统内部不同种群的竞争力。气候的微小变化往往引起生态系统组成的巨大变化。

第一节　自然生态系统对气候变化响应的基本事实

　　实测资料显示,近 40 年以来,长江三角洲平均气温呈现明显上升趋势,尤以 1991 年以来升温最为显著,相对于 1961—1990 年,20 世纪 90 年代平均气温升高了 0.35 ℃,2001—2005 年急剧升高了 0.71 ℃。在季节变化上,除夏季气温略有下降外,其余均为上升,冬季升温尤其显著。这与全国的气温变化一致,但变化幅度小于全国水平。在降水方面,长江流域平均降水略有增多,夏季降水显著增多。

　　观测表明,长江流域自然生态系统正在受气候变化尤其是气温升高影响。生态阈值一般难以确定,主要是由于生态响应的非线性性质、区域与尺度异质性、生态系统自适应性及人类适应性措施的复杂影响。然而生态系统响应气候变化的趋势已被大量观测事实和研究结果所证实。

一、植被物候及生产力对气候变化响应的基本事实

生长季延长

物候作为指示区域气候变化与生态系统的生物和自然过程之间的敏感性综合指标,已被广泛用于气候变化影响评估中。对中国近 40 年物候观测网站的资料分析表明(郑景云 等,2002),20 世纪 80 年代以后,长江下游春季平均气温上升,物候期提前。与 20 世纪 80 年代以前相比,80 年代以后平均温度上升 0.5 ℃和 1 ℃,物候期分别提前 2 d 和 3.5 d。近年大量实测数据亦表明,随着气温升高,长江下游春季提前而秋季延迟,植被生长季延长幅度较大。此外,植物花期对气候变化也出现类似的响应趋势,花期变化与气温升高关系极为密切。

陆地生态系统生产力增大

陆地生态系统生产力对气候变化高度敏感。曹明奎等研究结果表明,中国陆地生态系统 NPP(净初级生产力,干物质)和 HR(土壤碳排放)总量的年际变化分别与年降水量和气温呈显著正相关。1982—1999 年,随着气候变暖和降水增多,中国主要植被类型的 NPP 呈现波动中增大的趋势,其中常绿阔叶林、高寒植被、常绿针叶林增大幅度大于其他植被类型。

区域 NDVI(归一化植被指数)响应气候变暖的长期变化证明,长江流域植被覆盖度和生产力增大。1982—1999 年,长江流域 NPP 年平均增加速率为 6.7×10^{12} gC/a,为流域年均 NPP 总量的 1.5%。这在很大程度上可能是生长季延长的结果。另外,植物在生长季内生长率加快也起了一定作用。

从全国范围的陆地生态系统来说,碳源和碳汇区域差异显著。曹明奎等对 NEP(净生态系统生产力,NPP 与 HR 的差值,负值为碳源,正值为碳汇)的估算结果指出,近 20 年中国陆地生态系统在 CO_2 浓度升高、气候变暖的影响下吸收 CO_2,是一个碳汇。而长江中下游地区陆地生态系统虽然陆地年平均 NEP 增大趋势比较明显,但由于土壤呼吸水平较高,仍表现为碳释放(碳源),但碳释放量呈逐渐减少的趋势。

二、气候变暖影响水循环,极端气候事件增多

长江三角洲气候年际变化受季风的进退和强度年际变化影响显著,尤其是夏半年的汛期(5—9 月),降水和雨带位置的变化与夏季风活动密切相关。热带太平洋海表热力异常,如厄尔尼诺、拉尼娜事件,是引起大气环流异常的重要原因,也是东亚季风异常和旱涝、飓风等极端天气事件发生的重要原因。海洋现象异常对气候变化的长期响应机制尚不十分清楚,但事实表明,20 世纪 80 年代以后,全球气候变化背景下,厄尔尼诺事件发生频率与强度呈显著增大趋势。与此同时,气候变暖使得长江源区多数冰川退缩、冻土退化、湿地干化,可能极大地影响长江径流补给。几项因素叠加可能改变长江

三角洲地区水环境,进而胁迫本区自然生态系统。

资料显示近年来,长江中下游平原降水变率变动较大,生态系统受水分制约较明显,系统脆弱性相应较高。统计结果表明,降水异常偏多对长江中下游生态脆弱性影响要大于降水偏少的影响,脆弱度增大的区域多数为多年平均状况下不脆弱的生态系统。

2006—2008年长江流域经历了一系列罕见极端天气事件。2006年夏季重庆出现百年不遇高温和特大伏旱,同期长江出现百年罕见汛期枯水,导致洞庭湖、鄱阳湖相继出现持续枯水;2008年1月长江中上游遭遇历史罕见低温、雨雪、冰冻灾害;8月,长江流域相继出现持续性强降雨。频繁发生的极端天气事件显示气候变化与其有一定相关性。

水环境和极端气候时间的增加给全区湿地生态系统、农田生态系统等自然生态系统的生态过程与分布格局带来深刻的影响。

第二节　未来气候变化对典型生态系统的可能影响

科学家预计未来中国气候将继续变暖:2020—2030年,全国平均气温将上升1.7℃;到2050年,全国平均气温将上升2.2℃。气候变暖的幅度由南向北增大;包括华东在内的不少地区降水将出现增大趋势。

就全国范围而言,长江三角洲不属于气候变化的脆弱带,尤其因为长三角地区具有较好的经济社会发展基础,应对气候变化的人工适应性措施实施的能力相对较强。然而,了解气候变化将对全区自然生态系统产生各种可能影响是实施适应性措施的基础,并且须警惕长江三角洲有些典型而重要的生态系统——如湿地生态系统对气候变化是较敏感的。

一、对河口滨海湿地生态系统的影响

长江自徐六泾向下至口外50号灯浮为河口段。根据《湿地公约》的分类系统和标准,长江河口段具备两种类型的湿地:沿江沿海滩涂湿地和河口岛屿湿地,主要包括崇明岛东滩、长兴岛、横沙岛潮间滩涂和微咸水沼泽地、南汇东滩、淀山湖沼泽地、南支各沙洲以及沿江沿海部分湿地,面积约为2150 km²,占整个上海地区自然湿地总面积的93%。

长江河口湿地地处暖温性黄海生态系统和暖水性东海生态系统的交界处,是一种相对独立的生态系统。河口湿地具有咸水、淡水两种介质交汇,径流、潮流双向水流作用,河流、波浪、浪潮三重动力驱动,产生了特殊的生境条件,孕育了丰富的生物多样性,在提供食物、维护区域生态安全与环境安全等方面具有社会、经济和生态多重价值。

长江口湿地地处海陆交错带,对气候变化的响应非常敏感,如洪枯变化与盐水入侵、气候变暖与海平面上升等。

海平面升高威胁滨海河口湿地生态安全

全球变暖引起海平面上升已经成为不争的事实。长期监测结果表明,中国沿海海平面多年来总体呈上升趋势。近50年全中国平均海平面上升速率为2.5 mm/a,略高于全球平均,长江三角洲沿海平均海平面上升速率为3.1 mm/a,如果叠加地面沉降因素则使得相对海平面上升远高于全球平均值,至2050年上升可能超过50 cm。

海平面上升将使海岸淹没和侵蚀范围进一步扩大。海平面上升对长江三角洲附近沿海潮滩和湿地的影响相关研究表明,当海平面上升0.5～1.0 m时,长江三角洲地区潮滩侵蚀和淹没损失可达24％～56％。潮滩湿地缺乏适应海平面上升的缓冲空间,未来海平面上升导致的盐水入侵和湿地盐渍化将威胁潮滩湿地的生态安全。海平面上升,潮位抬高,不仅减缓淤涨和加剧侵蚀会引起湿地生态演替速度的减慢,而且其淹没效应引起的潮滩频率增大以及潜水水位和矿化度的提高,又将导致表土含盐量的增大,植被生长由好变差。长江三角洲北部湿地生态系统可能出现退化。

受到海平面上升的威胁,预计地表径流增大和淤积物的减少将改变长江三角洲的形成,而海平面的上升和强烈的风暴活动又将进一步侵蚀低洼的海岸线。长江三角洲地区处于季风区,在短暂的雨季内更可能受到更猛烈的暴雨影响,使积水区的洪水和侵蚀以及湿地本身的状况更加糟糕。

滨海湿地水环境质量下降

气候变暖使得水资源性质如水温、水位等发生变化,必然导致生物生态群落发生相应改变。生物群落变化后可能进一步恶化水环境并导致生态格局的改变。加上人为破坏因素,这种消极影响则会表征得更明显和迅速。

长江口近海岸地区的浮游植物时空变化特征与环境因子密切相关,生态系统环境因子直接作用于浮游植物群落结构。20世纪80年代以来,春、夏、秋三季的浮游植物由中肋骨条藻占据绝对优势地位,但据2004年的测定显示,中肋骨条藻的优势度已经下降,而暖温性(温带、热带)近岸种类和广温广布性种类的优势度上升,这是结构的改变;在丰度改变上,2004年浮游植物高峰季节的数量比20世纪80年代高出两个数量级。结果在2004年春季(高峰季节),浮游植物在长江口两个水域大量繁殖形成赤潮。

引发赤潮的主要原因是近海水域遭受营养盐污染,同时海水温度和海洋天气系统对赤潮发生也有一定影响。赤潮不仅引起大量鱼类中毒或窒息,损害海洋渔业和生产,还造成水体亏氧,引发浮游生物、水生生物、底栖生物等生物种类组成和数量的改变,破坏滨海生物群落结构,增大河口滨海生态系统退化风险和新的海洋污染。

未来气候变暖对红树林生长有利,红树林人工引种北界可能到达杭州湾,即伸进长江三角洲南翼,这是气候变暖有利的一个方面。

二、对河流湖泊湿地的影响

河流湖泊湿地常常是生物多样性的热点地区,许多湿地拥有世界级的保护地位。长江三角洲地区滨海滨江,水网密布,亦是生物多样性的焦点区域。然而同陆生生物相比,湿地生物转移生境能力较弱,自适应能力也较弱,尤其是对湿度变化敏感的两栖类和蛙类。

可能使湿地生物多样性降低

气候变暖引起海平面上升、淡水水位降低、湿地萎缩、水温升高,这些因素将会对生物栖息地产生重要影响。

对于鱼类来说,全球变暖引起长江鱼类越冬期间栖息地北移,洄游距离增长、能耗增多、发育缓慢,导致鱼类死亡率上升是气候变化对鱼类影响的主要假说。

鸟类对温度变化敏感。1月平均温度在0 ℃以上是鸟类选择越冬栖息地的重要条件。温度升高使得许多鸟类迁飞路线发生改变,逐渐北移。观测表明,1983年来长江中下游栖息雁鸭数量下降了75%,除了人为破坏外,气候变化也是主要影响因素。长江口地处候鸟亚太迁徙路线上,湿地丰富的底栖动物和游泳动物为迁徙鸟类提供了饵料,然而海平面上升使得鸟类用于取食、停留、繁殖的生境消失、迁移模式破坏、生殖周期改变,物种灭绝风险增大。

IPCC第六次技术报告预计全球变暖将使湿地生态系统呈变干趋势,水位降低是湿地生态系统发生变化的主要动因。水位降低将导致生物栖息地退化。2006年长江流域水位下降引起生物多样性锐减与植被退化。水位过低使江豚、白鳍豚活动与觅食空间缩小;持续近半年的罕见低水位使胭脂鱼等濒危动物失去产卵沙滩。

气温升高、水位降低导致太湖蓝藻暴发

太湖近年来蓝藻水华暴发呈日趋严重的态势,暴发次数多、日期提前、蔓延区域扩大。如,2007年太湖流域暴发了近年来最大一次蓝藻水华事件,暴发时间比往年提前1个月、强度明显高于历年同期。

太湖蓝藻暴发的根本原因仍然是太湖水体富营养化程度居高不下,然而太湖水温增高和淡水水位下降也为藻类生长提供良好条件。2007年1—4月太湖水温高于往年水平,适宜藻类生长;同时1—4月水位相对较低,使得单位水柱水体接受光强较大,更加促进藻类繁殖。

因而,与沿海湿地类似,气温升高对淡水湿地水环境质量可能起恶化作用,同时缺氧和污染也会引发淡水生物群落改变、生态系统的退化。

全球变暖将使长江中下游湿地生态系统向净碳源转变

湿地土壤是陆地生态系统重要的有机碳库,同时湿地是多种温室气体的源和汇。目前,中国湿地生态系统及其土壤都表现为大气的碳汇。对中国湿地土壤碳贮量的统计表明:长江中下游河流和湖泊湿地发育的草甸土,在深达50~100 cm的土壤中有机碳含量仍可保持5 g/kg以上。

全球变暖的条件下,高温通过促进土壤有机物和泥炭的分解而增加土壤的碳释放,从而降低湿地生态系统的碳储存量。储存于湿地的这些碳就会源源不断地向大气层释放,进一步加快全球变暖的速度,最终导致碳源/汇格局的改变。IPCC第四次报告也指出,全球变暖将使陆地生态系统向净碳源转变。

三、对农田生态系统的影响

长江三角洲地区有悠久的农业开发历史,现代农业在全国农业生产格局中占据重要地位。太湖平原、江淮平原是中国九大商品粮基地之一;长江下游滨海、沿江平原是中国五大商品棉基地之一;长江三角洲也是中国著名的水稻产区。长江三角洲地区农田生态系统的变化将直接影响到区域经济的可持续发展及人民生活水平的提高。

气候变化改变农作物种植制度和作物品种布局

中国农业生产的一大特点是多熟种植,复种指数达到 150% 以上。气候变暖将增加各地的热量资源,使作物潜在生长季延长,多熟种植北界北移。到 2030 年,如果全球 CO_2 浓度倍增,平均气温上升 10 ℃,预计中国三熟制的北界将从目前的长江流域移至黄河流域,中国南方水稻的成熟期平均提前 3 个星期。长江下游仍将继续保持湿润状态,作物品种可能增多。

可能导致主要农作物产量下降

气候变暖可能减低农作物产量和农田生产潜力。气候变暖在加速农作物生长的同时,也使农作物的呼吸作用增强,干物质积累减少,生育期缩短,从而影响到农作物的产量。气候变化将导致中国大部分地区主要农作物产量下降(张宇,1995),生长于 6—31N 的水稻结实期在温度上升 $1\sim2$ ℃时产量将下降 $10\%\sim20\%$;纬度越高,影响越严重。相关模拟研究 CO_2 浓度倍增且不考虑水分的情况下,长江中下游早稻平均减产幅度为 3.7%,中稻为 10.5%,晚稻为 10.4%。温度每升高 1 ℃,玉米平均减产 3%;小麦也将由于水分条件恶化而减产。此外,气候变暖导致土壤有机质的微生物分解加快,将造成土壤肥力下降,农田生产潜力降低。

全国范围看,CO_2 浓度倍增与气候变化的协同作用对中国主要农作物产量的影响不同,水稻的产量下降,小麦的产量增大;增产突出的地区是东北、华北和新疆,而长江中下游地区可能减产。

气候变暖将引起农作物品质的变化。如 CO_2 浓度升高将使玉米蛋白质、赖氨酸和脂肪含量降低,淀粉含量略有增高,品质有所下降;与此同时,CO_2 浓度升高将使小麦籽粒的蛋白质、赖氨酸、脂肪含量增高,淀粉含量下降,品质得到提高。

降低农田生态系统稳定性

气候变暖很可能导致农田生态系统稳定性降低。首先,气候变暖在全球呈不均匀性,使得极端天气事件的发生频率、出现、延续时间和分布发生变化,导致气象灾害的频率和强度加大。如 2008 年南方地区冰雪灾害给农业造成重大损失。极端气候事件的增多使得长江三角洲地区遭受洪涝的风险提高,一旦遭遇风暴潮、台风等侵袭,给农田生态系统造成的损害就更严重。

气温升高也将导致一些作物不同程度地受到高温热害的影响,尤以长江中下游的水稻和北方小麦为甚。

气候变暖,尤其暖湿气候将有利于一些病菌的发生、繁殖和蔓延,使得病虫危害面积扩大:(1)害虫的地理分布界限北移。如黏虫的越冬从 33°N 北移至 36°N,冬季繁殖气候带也从 27°N 北移至 30°N 附近;稻飞虱的安全越冬北界由当前 22°N 推向 26°~27°N 等;(2)害虫种群的世代增多,农田多次受害的概率增高;(3)害虫迁移入侵的风险增高。

海平面上升将会增加淹没沿海重要的粮食生产基地的危险,加上长江三角洲地区海水倒灌,大片良田盐渍化风险增大。

四、对森林生态系统的影响

长江三角洲地处亚热带季风区,典型森林景观为亚热带常绿林,北部混交落叶阔叶林。森林分布包括平原区国家森林公园和城市森林、西南山丘区山体林地等。林地是本区重要的生态屏障带,发挥着保障水资源、增氧固碳、调节气候等重要生态服务功能。

森林分布格局与树种变化

森林覆盖全球陆地总面积的 1/4,是最容易受气候变化影响的生态系统,许多树木对其生长地区的平均气候惊人的敏感。

多项模拟和预计表明,气候变暖将使森林分布格局发生变化。气候变暖会使中国各植被带都有所北移。气温升高 2 ℃、降水增加 20%时,亚热带北部森林除北部外都变成热带;气温升高 4 ℃、降水增加 20%时,中国各植被带都将变得干热,但森林地带干旱程度仍能满足森林水分要求。据《未来主要植被类型分布可能的变化》(中国气象局,2003)预测,2050 年长三角地区植被类型将从亚热带常绿阔叶林和落叶阔叶林混交转成全部为亚热带常绿阔叶林。

气候变化和 CO_2 协同作用下的森林生产力增大

气候变暖促使植被生长期延长、CO_2 浓度升高后形成“施肥效应”,这两者协同作用将使森林生产力增大。根据已知的全球变化预测结果,在气温增加 2 ℃和 4 ℃、CO_2 浓度倍增的情况下,温带落叶阔叶林和亚热带常绿落叶林 NPP 均有所增大,由此可知长江三角洲地区森林生产力将呈增大趋势。

树木物候的变化

未来气候变化对中国木本植物物候的影响主要表现为以下两点(徐德应 等,1997):

(1)气候变暖使春季木本植物物候普遍提前;树木花期提前,果实及种子的生长期缩短;秋季的树木开花、黄叶、落叶等相应推迟;年均气温升高 1 ℃,春季物候提前 3~5 d、秋季推迟 3~5 d,绿叶期延长 6~10 d。

(2)CO_2 倍增时,中国主要木本植物春季物候提前 3~5 d,秋季黄叶、落叶等现象推迟 4~6 d,绿叶期延长 8~12 d;果实及种子的成熟期提前。

就中国东部树木生长季和气候因子的关系而言,如果冬末春初平均气温升高 1 ℃,生长季将提前 5~6 d,结束期推迟 5 d;如果秋季降水量增加 100 mm,结束期将提前6~10 d。

五、森林生态系统对气候变化的脆弱性评价

自然生态系统对气候变化脆弱性研究的重要性和方法

气候变化下自然生态系统的脆弱性是指气候变化对该系统造成的不利影响的程度,是生态系统内气候变率特征、幅度和变化速率以及生态系统对其敏感性和适应能力的函数。研究气候变化对自然生态系统的影响,最重要的就是研究自然生态系统的脆弱性,因为脆弱性评估是开展一系列适应性对策研究的基础。

研究气候变化的三类常用方法(李克让 等,1999)

第一类是实验室模拟和运用观测系统。实验研究一直是研究气候变化、CO_2浓度升高后对植物生理生态影响的重要手段,观测系统有陆地观测系统、气候观测系统和海洋观测系统,国际上正在建立全球观测系统(GCOS)寻求应对气候变化的国际合作。中国生态系统研究网络(CERN)是世界三大生态网之一,也是全球环境与生态系统监测的重要组成部分。

第二类是历史相似或类比法,即在历史上寻求气候或空间上的相似性作为未来的佐证。例如在中国仪器观测的温度序列已与冰芯、树轮资料结合延伸到过去1000年的情况,还利用历史文献记录,编制了中国近500年旱涝等级图、中国降尘与极端气候事件分布图等,用古气候资料分析气候敏感性以及气候对不同类型强迫(如气溶胶、太阳辐射)的响应是一条有效途径(李克让 等,1999)。

第三类是数值模拟与预测方法,该方法能为气候变化及其影响提供定量分析。近年来,科学家为了预测植被/生态系统对全球变化的响应建立了大量能独立模拟生态系统结构和功能的数值模型,如陆地表面模型、生物地球化学模型、生物地理模型等,使得该方法得以迅速发展。

六、长江三角洲地区自然生态系统脆弱性评估

据研究,中国应对气候变化的区域生态环境脆弱度可划分为四个等级:极强、强度、中度、轻度(李克让 等,2005),长江三角洲属于轻度脆弱区。基于潜在植被的中国陆地生态系统对气候变化的脆弱性定量评估研究也表明,在当前气候条件下长江中下游多数地区多年平均脆弱度为不脆弱和轻度脆弱(陈宜瑜 等,2005)。

长江三角洲地区水热条件好,气候变暖后湿润程度不会下降、经济社会发展基础好,大部分农田和森林生态系统对气候变化适应性较强,唯有湿地生态系统因为易受到径流、海流、降水变化、人工围垦、捕捞、水利工程、水体污染等多重因素作用,对气候变化及其引起的海平面上升、淡水水位下降比较敏感,是本区相对脆弱的生态系统。

七、自然生态系统对气候变化适应性对策

所谓适应性是指自然和人为系统对变化的环境做出的调整。适应气候变化是指自然和人为系统对实际的或预期的气候刺激因素及其影响做出的趋利避害的反应。自然生命系统高度有序,能感知气候与环境的变化,并通过自组织运动调节以适应其变化,从而达到自身状态的稳定(叶笃正,1992)。而人类的适应性对策是人们通过对自然系统的正确认知和预测,实施应对气候变化的有效措施,尽量减弱气候变化对人类生存发展的不利影响。

小结

人类活动在近百年的世代内对气候变化产生了巨大影响。从全球角度看,人类活

动引起的温室气体和气溶胶排放是全球气候变暖的直接因素;人口增长引起的土地利用与覆被变化也是气候变化的重要因素。就长江三角洲而言,人类活动对自然生态系统适应气候变化同样产生利弊两种方向的影响。例如长江口围垦、城市扩展等堤防建设阻隔海陆水文与物质联系,导致滨海湿地退化;另外,堤防工程防护风暴潮、增强对海平面上升应对能力。因而基于科学认知对人为活动实施引导规划,对增强应对气候变化适应性是十分必要的。

参考文献

安旭东,朱继业,陈浮,等,2001.全球变化对长江三角洲土地持续利用的影响及其对策[J].长江流域资源与环境,**10**(3):266-272

陈宜瑜,等,2005.中国环境与气候演变(下卷)[M].北京:科学出版社.

范代读,李从先,2005.中国沿海响应气候变化的复杂性[J].气候变化研究进展,**1**(3):111-114.

李克让,曹明奎,於俐,等,2005.中国自然生态系统对气候变化的脆弱性评估[J].地理学报,**24**(5):653-662.

李克让,陈育峰,1999.中国全球气候变化影响研究方法的进展[J].地理研究,**18**(2):214-219.

李星学,王仁农,2002.还我大自然[M].北京:清华大学出版社.

刘昌明,2002.今日水世界[M].北京:清华大学出版社.

王建,2001.现代自然地理学[M].北京:高等教育出版社.

邬建国,2007.现代生态学讲座(III)[M].北京:高等教育出版社.

吴玲玲,陆健健,童春富,等,2003.长江口湿地生态系统服务功能价值的评估[J].长江流域资源与环境,**12**(5):411-416.

徐德应,郭泉水,阎洪,等,1997.气候变化对中国森林影响研究[M].北京:中国科学技术出版社.

杨桂山,马超德,常思勇,2009.长江保护与发展报告2009[M].武汉:长江出版社.

叶笃正,1992.中国的全球变化预研究[M].北京:地震出版社.

张宇,王馥棠,1995.气候变暖对我国水稻生产可能影响的数值模拟试验研究[J].应用气象学报,51.

郑景云,葛全胜,等,2002.气候增暖对我国近40年植物物候变化的影响[J].科学通报.20,1582-1587.

周广胜,许振柱,王玉辉,2004.全球变化的生态系统适应性[J].地球科学进展,**19**(4):642-649.

Cao. Ming k. ,et al. ,2003. Interannual Variation in Terrestrial Ecosystem Carbon Fluxes in China from 1981—2000[J]. Acta Botanica Sinica,**45**(15):552-560.

气候变化对长江三角洲社会经济发展的影响

吴先华(南京信息工程大学)

张伟新(中共江苏省委政策研究室)

佘之祥(中国科学院南京分院)

引言

　　气候变化对社会、环境、经济的影响是极其复杂的。而长江三角洲地区是中国人口最多、经济最繁荣的地区之一,又濒临海洋,对气候变化十分敏感,为了保证本地区的可持续发展,就气候变化对本地区的环境生态和社会经济的影响做出更深入的综合分析、定量评估,提出适应的对策,为社会各界提供决策依据是十分必要的。

　　本章节首先综述有关气候变化对长江三角洲的环境经济影响的研究成果,然后介绍气候变化影响长三角社会经济发展的事实,最后提出适应性对策。

第一节　社会经济发展特征

一、气候变化相关研究概况

　　近几十年来的科学研究表明,全球平均地面温度从 19 世纪以来约上升了 0.3～0.6 ℃,科学家们有大量的证据支持全球气候正在变暖这一认识。全球气候不断变暖将改变世界各地的温度场,并影响大气环流的运行规律,各地蒸发量、降水量的时空分布亦随之改变,以及升温造成的冰川融化及海水受热膨胀而使海平面上升。这一切都必将给人类赖以生存的资源环境,包括水资源、能源、土地、森林、海洋、人类健康、物种资源、生态系统和农业生产等带来巨大的冲击,并造成许多目前仍无法估计的重大影响。正如 1990 年出席第二届世界气候大会的专家们所呼吁的那样:"全球变暖将可能是比以往任何自然灾害都更为深重的灾难"。人类在利用、改造自然环境资源中获取了大量的物质财富,同时也正在受到大自然的惩罚。正如恩格斯早就告诫我们的:"我们不要过分陶醉于我们对自然界的胜利,对于每一次这样的胜利,自然界都报复了我们"。

气候变化对社会、环境经济的影响是极其复杂的。IPCC(1995)气候变化第二次评估中指出:在今后几十年中,明确地检测出在大部分生态和社会系统中气候引起的变化会是极为困难的。这是因为这些系统是极其复杂的,而且它们之间有许多非线性反馈及其对众多同时继续发生变化的气候和非气候因子的敏感性。

由于人类健康、陆地和水生系统及社会经济系统(如农业、林业、渔业和水资源)对人类的发展和生活是至关重要的,而它们对气候变化都十分敏感,不同地区、不同行业对气候变化所带来的影响程度大或小、有利的或不利的、显见的或潜在的、目前的或未来的等都不相同。社会各个方面都将面临各种各样的变化,面临全球气候变化的挑战与威胁,我们必须对此要有清醒的认识。必须认真研究气候变化带来的这些影响,并提出为适应这些变化而应采取的各种可能对策(包括技术、政策、措施、法规),未雨绸缪,防患于未然,以避免将来为此付出更大的代价。

对于气候变化影响的研究,中国政府和科学家们都十分关注。20 世纪 80 年代开始就气候变化对中国各个行业、各部门的影响做过相当详细的分析、研究,并就适应气候变化的政策、措施、对策提出了一些很有意义的建议。为了社会经济的可持续发展,必须考虑气候变化的因素。分别于 1990 和 1993 年两次向 IPCC 提交中国气候变化影响的研究报告。在 1993 年的报告中缪启龙等曾就气候变化对长江三角洲环境、经济的影响作了综合的初步评估。

气候变化对社会、环境、经济的影响,我们认为主要表现在下列几个方面:

(1)气候是人类生存、社会发展的环境条件。对已适应了当前气候条件的人类生活、社会生活各种运作已有了各种适应气候环境的措施、对策,一旦当前气候发生显著变化,人类一定要为适应新的气候环境而增加生存、发展的附加成本。而且,一般认为,随着气候变暖,气象灾害的强度和频率也将会增大,就会增加更多因气候原因的支出。

(2)气候是物质生产的自然资源。人类的生产活动为适应当前气候的资源条件,经过长期努力,形成一整套能较好利用本地气候资源的生产措施,而不需要把气候资源作为成本计算。一旦气候发生较为激烈的变化,人们就必须为适应和较好地利用新的变化了的气候资源而增加生产活动的成本,而这种气候资源的变化有可能是正向的,也可能是反向的。

(3)气候还与人类活动有特殊的反馈作用。气候作为环境和资源影响人类的活动;相反,人类活动对气候也具有一定的影响。如果人类活动不加控制,就有可能加剧气候变化,如果为了减缓气候的变化,人类活动就要受到某种程度上的限制,而这种限制是以减缓发展速度为代价的。

二、长江三角洲地区社会经济概况

长江三角洲从形成上讲,系指长江水流挟带的泥沙在入海口淤积而成的陆地,其地域范围较小,在地貌上不成为一个独立的地域单元。因此,本研究中所用的不是纯自然的长江三角洲的概念,而是指在自然和经济方面都具有较明显的地域界限,为一相对完整的经济单元,在习惯上也有一定的区域范围,即以沪、宁、杭为中心包括苏、沪、浙二省一市的 11 个市,北以通扬运河—拼茶运河为界与淮河水系相连,南至杭州市与钱塘江水系相连,西至南京市。所在经纬度为 $29°\sim33°N$,$118.2°\sim121.9°E$。

长江三角洲地区扼长江入东海的出海口。该区域地势低平,由东向西逐渐升高,以平原为主,占土地面积 80%,分布在扬州—宜溧一线以东,海拔 $3\sim5$ m,低洼地区只有 $1\sim3$ m,西部丘陵海拔一般只有几十米,稍高一些的丘陵山地在 $300\sim500$ m,西部丘陵与东部平原的过渡地带海拔 $10\sim20$ m。

长江三角洲地区自然条件和地理环境优越,区位条件好,开发利用适宜性广。土地类型复杂多样,具有多宜性特点,平原土壤肥沃深厚,是中国重要的农业生产基地,低山丘陵坡面平缓,是桑、茶、竹、橘等经济林木的重要分布区;水域面积广阔,长江横贯东西,太湖位居中央,江、河、湖、塘占土地面积 17%,是中国最重要的淡水渔业基地。长江过境水量丰富,大小水网密布,濒海临江,沿江沿海岸线资源丰富、优良,可建设大中小型进出口港口。

长江三角洲地区面积 6.2 万 km^2,大、中、小城市发达,小城镇数量多,分布广。本区现有特大城市 3 个、大城市 3 个、中等城市 8 个、小城市 11 个以及 118 个县属镇及 2000 多个乡级镇,城镇密度达每万平方千米 34 座。已形成了一个包括特大城市、大城市、中小城市和集镇等各具特色、多层结构的城镇体系。该地区人口稠密、劳动力资源丰富,是全国平均人口密度的 8 倍,为全国人口最稠密地区之一。区内劳动力文化水平较高、素质相对较好,工农业生产经营管理水平较高,商品意识、开放意识及竞争意识较强。社会稳定,经济繁荣,交通通讯先进,具备很好的投资环境。

三、关于长江三角洲的气候变化

利用长江三角洲地区近百年和近 50 年来的气候资料,较详细地分析了本地区的气候变化及气候灾害的演变规律,认为主要有以下几点:

(1)长江三角洲近 100 年来的气温变化与中国整体近百年来变化相似,总趋势呈微弱的上升。

(2)近 50 年来的气候变化,主要特征是冬季升温明显,夏季稍有下降趋势,呈现暖冬凉夏的特点。

(3)本地区 50 年来变冷期降水偏少,变暖期降水偏多。无论降水还是气温,其变率没有明显的趋势,但从 20 世纪 90 年代开始以来,气候变率明显增大,表明本地区近年来气候趋向于不稳定,灾害发生频率增大。

第二节　气候变化对社会经济的影响

一、气候变化对江苏省社会经济的影响评估

1. 气候变化的事实

江苏省地处中国东部黄海之滨,面积约 10.26 万 km^2,人口 7550 多万,地扼长江入海口,为中国最低平的省区之一,江苏河湖众多,河网密度居各省区之首,境内长江横穿东西 425 km,京杭大运河纵贯南北 718 km。江苏地貌以平原为主,占 69%,水域面积占 17%,低山丘陵占 14%。

袁昌洪和汤剑平(2007)研究了全球变暖背景下江苏气候局地响应的基本特征。基本结论如下:

(1)云量。江苏的总云量年平均约为 60%,略高于全球 50% 的覆盖率,其中低云量占总云量的 39.9%,平均约为 24%,低于全球分布特征。江苏区域、苏南地区、苏北地区以及南京站的变化趋势是一致的,均以 1970 年为界,1970 年前总云量有所增大,而 1970 年以后总云量则持续减少。1970 年前苏南总云量增速最快,苏北增速最慢,而 1970 年以后总云量减少的速度基本一致。1972 年以后江苏区域、苏南地区、苏北地区以及南京站低云量减少的速度基本一致。即从 20 世纪 70 年代初开始,江苏地区总云量和低云量都呈持续减少的趋势。

(2)辐射的变化。通过对南京总辐射资料序列的计算分析可以看出,辐射的变化也分为两段,两个时段存在两个不同的变化趋势,以 1986 年为限,1961—1986 年,总辐射持续减少,1986—2000 年,辐射是持续增多的。通过分段拟合可以知道 1961—1986 年,每 10 a 日均总辐射减少 110 MJ/m^2,而 1986—2000 年每 10 a 日均总辐射增加 34.6 MJ/m^2。

(3)气温的变化。江苏省 40 a 气温变化可分为 3 个阶段,第一个转折点约在 1968 年前后,第二个转折点约在 1986 年前后,按时间划分为 1961—1968 年为降温期的第一阶段(Ⅰ),1968—1986 年为缓变期的第二阶段Ⅱ,1986—2000 年为升温期。江苏区域、苏南地区、苏北地区以及南京的平均气温、最高气温及最低气温在各时段的变化趋势是一致的,而且可以看出最低气温在速降区下降幅度最大,在速升区上升幅度也最大,而最高气温则在速降区下降幅度最小,在速升区上升幅度也最小,这种变化趋势与全球及中国气候总体趋势有一定区别。

(4)水汽变化。其变化情况也分为 3 个阶段。即Ⅰ:1961—1967 年;Ⅱ:1967—1989 年;Ⅲ:1989—2000 年。江苏区域水汽表征量在 1989 年前是减小的,而在 1989 年后是增大的。其中水汽压在 1967—1989 年还出现了缓变。

(5)湿热涡旋增强效应。就江苏区域 40 年来的气候变化而言,云量的减少(增多)引起辐射的增多(减少),进而气温出现升高(下降),大气湿度增高(降低)。20 世纪 70 年代后云量减少和总辐射增大,伴随有气温和水汽表征量趋势的上升,而气温和水汽表征

量的升高通过湿热涡旋增强效应又有助于降水的增多。1968—2000 年江苏区域、苏南和苏北的第二类热成风螺旋度均呈上升趋势,这表明江苏区域气候变暖变湿的同时,由气温和湿度变化所产生的湿热涡旋效应也在逐渐增强,并导致降水量的增多。

2. 气候影响社会经济发展的研究成果综述

胡萌夫和章锦发(1990)探讨了上海经济区江苏片合理利用气候资源的途径。认为本片属北亚热带湿润气候区,冬季低温持续期较短,夏季高温日较少,春季升温不稳定,秋季降温稍迟,热量丰富,降水充沛。光、热、水同步,与作物生育需求比较协调,可供利用的气候资源有效性较高。但该片的季风年际变化较大,农业易受涝渍、阴湿、低温、台风、伏旱等多种气象灾害危害。同时,本片是以粮、棉为主的综合性农产品商品基地,是全国农业高产地区之一,对这样地区,要使农业持续稳步发展,必须特别注意资源的综合开发利用和生产上的综合经营。从气候资源出发,需充分利用优越的温、光、水资源,依靠劳动力密集和技术密集的优势,最大限度地缩小光、热资源的损耗,发展多熟种植;采用先进的栽培技术措施,挖掘优势作物的气候增产潜力,提高单产;因地制宜地拓宽多种经营对气候资源的利用门路,为农业发展积累资金,同时为之建立良好的生态平衡。

马骅和张菊芳(1993)利用江苏省 68 个气象台站 30 a(1960—1989 年)的降水资料,分析了江苏雨涝气候。认为江苏省雨涝以江淮之间北部的淮阴、盐城两市雨涝最多,太湖以东次之。江苏省雨涝年际变化以 6 a 为周期,高低值呈良好的周期性,分别都是一个完整的波形。江苏省一年内雨涝出现高峰多在 6 月下旬至 7 月下旬,其次是 8 月中旬至 10 月上旬。据文献记载,在过去 500 a 中,特大洪涝类似于 1991 年江淮洪涝的有 13 次,其平均周期约为 37 a,这一周期是日月同赤纬最大值变化周期 18.6 a 的 2 倍。另外发现,江苏省特大洪涝年的梅雨量中心都发生在扬州里下河地区,如 1931、1954、1991 年就是这样的,这一现象应引起里下河地区注意。

程宏林和王才宝(1996)分析了江苏内河航运交通事故的气象条件。风力和风向对内河航运都有影响。当风力增大到 6~7 级时,容易出现沉船事故,如遇突发性的雷雨大风,更易发生恶性事故。在航线方向上,当风向侧吹时,风力达到 5 级或以上时就会使船舱进水导致翻船、沉船事故。降水对内河航运的影响有 4 个方面,一是影响视程,例如毛毛雨、小雨或下雪天气,因能见度差,容易出现船舶相撞、触礁等事故;二是下雨甲板打滑,易出现落水等事故;三是有些货物受潮后损船,例如散装黄豆、玉米等粮食受潮后膨胀挤破船舱沉入水中;四是雨大苫盖不严船舱进水使船沉没。大雾、降水、大风、沙尘飞扬等各种原因引起的恶劣能见度对航运有较大的影响,如能见度＜300 m 时,容易发生相撞、触礁等水上交通事故。高温天气人易中暑,影响航行操作,同时易燃物品可能发生火灾或爆炸事故。低温时常出现霜冻或薄冰,甲板打滑易造成落水或误操作碰撞等事故。遇到连续低温,可使河港封冻,不仅影响水上航运和渔业生产,还会危及被困船民的生命财产安全。

周锁铨等(1999)研究了江苏沿海滩涂开发利用所产生的区域气候效应,将植被参数化(Deardorff,1978)和土壤种类参数化方案引入钱永甫(1985)—颜宏等(1987)提供的套网格模式系统。夏季的数值试验结果表明,夏季滩涂开发前后气候差异明显,例如,7月苏北沿海近地面气温可下降 2.2 ℃,水汽压增加 1.6 hPa,降水最多可减少 0.6 mm/d,但这些变化都在正常的气候振动范围之内,对江苏沿海经济持续发展不足以造成不利的影响。夏季江苏沿海滩涂改造成灌溉农田对区域气候造成了影响,主要是通过下垫面性质的改变,削弱了海陆风环流,增强了西太平洋副热带高压下沉气流,使局地降水减少,气温降低,湿度增大。

陈维新等(1999)研究了 20 世纪 90 年代暖冬等气象条件对江苏冬小麦生产的影响。对 20 世纪 90 年代的气象资料分析表明,江苏各麦区呈暖冬态势,冬季日平均气温与常年比较,10 a 中有 9 a 偏暖,累计日平均气温增加 30～244 ℃。暖冬等气象因素导致小麦生育进程加快,其中,一般暖冬年份增加 0.1～1.2 张叶片,特殊暖冬年份增加 1.5～2.5 张叶片。暖冬对不同区域、品种、播期的影响不同。三个特殊暖冬年中,1994—1995 年度为平产年份,1997—1998 年度为特大减产年份,1998—1999 年度为大增产年份。并明确了湿害是影响江苏麦作生产的主要障碍因素,中后期气候条件对麦作产量至关重要。提出了通过适期播种、推广应用综合抗旱抗湿及灾后恢复等措施,争取麦作高产稳产。

王亦平等(1999)研究了江苏沿海发生对虾浮头泛塘的气象条件,得出了发生对虾浮头泛塘的四种天气类型及其对应的气象预报指标,并且根据相应的天气类型分别采取不同的防御对策。闷热天气型,要加强夜间巡塘次数,备足增氧机械或药物,发现异常及时增氧。大雾天气型,采用上闸进水,下闸排水的办法,提高水中含氧量,先少投增氧药物,塘头加强值班,一有异常及时处理。强降水天气型,排水降低水位,过后先排淡后进水,要注意勿使盐度突降。台风天气型,台风来前先判断有无明显降水。若台风影响时基本无雨,则少排水;如有明显降水要多排水。防倒堤坝,风小投饵,风大不投饵。台风过后天晴,排淡水,不能盲目进水,以防近海污染。

黄银琪等(2002)分析了江苏中部地区气象条件与两系杂交稻制种两个安全期的关系,认为苏中地区两系制种不育系的育性转换敏感期安排在 7 月下旬与 8 月上旬为最佳,最佳的抽穗扬花期在 8 月中旬。提出应以实效积温为依据安排父母本的播种期。

董占强和肖秀珠(2002)根据两系法杂交稻 65396(培矮 64S/E32)在南京和镇江两地的分期播种资料,选择与产量密切相关的 5 个高产关键期,用回归统计分析方法组建气象响应模型,得出各高产关键期的最适宜气象条件,并据此用江苏省赣榆、徐州、高邮、南京、常州、溧阳、苏州等 7 个地区 1951—1992 年的气象资料,在对高产关键期预测的基础上,计算了 4 种茬口各产量构成因素的气候值。

沈树勤和严明良(2003)根据江苏省人们生活和各行各业对气象条件的依从性及敏感度的大量特种资料,探讨了气象指数与气象要素的敏感度和依从性,将多种气象要素综合,构成线性或非线性环境气象指数。利用数值预报释用方法,实现了环境气象指数系列计算和预报。提出了气象指数的分级与建议,建立了环境气象指数系列的业务系统。

杨立中等(2005)针对南京市和无锡市 1997—2001 年的城市火灾数据,采用相关分析的方法,研究了城市火灾数据与月平均降雨量和月平均气温等气象因素的关系,对火灾数据进行 2～5 个月的滞后分别进行回归分析,对比不同滞后时间分别得到不同的回归方程；然后比较不同的回归方程，找到最为拟合的方程，即可知道气象因素对火灾的滞后影响。研究结果表明：气象因素与火灾的发生关系密切，可能对滞后 2 个月后的火灾形势影响较大。

黄毓华和章锦发（1995）通过对美国、巴西、津巴布韦及中国云南等世界主要优质烟区烟草气候生态诸因子分析，揭示了优质烟区气候的基本类型和特征。根据江苏淮北烟区气候与世界优质烟区气候相似分析，明确江苏省与美国优质烟区气候较为相似，但也有不同之处。如能采取选择适生地与适宜播期，使季节气候与烟草气候最佳配置，并加强烟田水利设施建设，搞好烟田灌溉排水，在江苏省发展优质烤烟生产仍有良好前景。

王明洁等（2005）分析了影响储粮气候区域划分的因素，选用影响粮食储藏稳定性的关键气候指标，并参照江苏风能、太阳能区划以及江苏农业区划，将江苏划分为 3 个储粮气候大区和 2 个储粮气候亚区。认为淮北及沿海区冬季漫长且寒冷，夏季短暂无酷暑，是江苏储粮最为安全的一类地区。徐州、洪泽湖、江淮、沿江区下划两个亚区，其中徐州亚区冬季漫长、寒冷且低湿，夏季漫长且酷热，夏季储粮难度大。而无论从气候条件，还是从储粮难度来看，洪泽湖、江淮、沿江亚区都是向江南过渡的一个典型地区。江南区冬季短暂，夏季漫长有酷暑，终年高湿，为江苏储粮难度最大的一类地区。各个类型区都应针对本类型区所具有的气候特点，扬长避短，从仓房隔热保冷、防潮、通风、气密、防虫霉性能方面，考虑旧仓改造和新仓建设，同时采取相应的储粮技术措施。

解令运等（2008）利用 MM5 模式对 2003 年夏季 6、7 月典型区域气候极端事件进行数值模拟，研究城市化急剧扩张对区域气候极端事件的影响和可能机制。研究发现：苏南及邻近地区城市化区域的扩张，会引起区域降水分布的变化。在城市化区域，降水将减少，而在城市化的下风区会有局地的降水增多；同时，在苏南城市化区域中，太湖等湖泊的影响也很重要，会加强其邻近地区局地降水强度。城市化区域的地面气温有明显的上升，对高温天气的作用更大。城市化也会影响地面风场，阻挡穿越城市化区域的风；苏南沿海城市化区域扩张，会使海陆风环流增强，加大了海面向陆面的风。城市化区域的潜热通量明显减少，而感热通量显著增大。城市化增暖产生的局地热源，使城市化区域及邻近地区局地环流发生变化，增强了低层城市化区域向周边辐散的强度。随着高度的增加，城市化的影响也越来越小。

3. 气象灾害影响社会经济发展的研究成果综述

高苹等（1999）认为 1997/1998 厄尔尼诺事件在 1997—1998 年冬春给江苏省带来严重气象灾害，导致小麦、油菜减产近 3 成。1998 年长江全流域特大洪涝持续近 3 个月，亦是近 100 a 历史中仅次于 1954 年的第二大洪水，这就需要我们关注厄尔尼诺事件，增强减灾、防灾意识，争取农业优质丰产。

徐为根等（2002）用拉格朗日插值法推算江苏省淮北地区冬小麦在无农业气象灾害条件下 1960—2000 年这 41 a 的期望产量，并用 SAS 软件建立气象灾害对冬小麦产量影响的逐步回归模型，分析了各类农业气象灾害对产量的影响。对淮北地区冬小麦产量影响的农业气象灾害因子主要有：冬前的干旱、返青—孕穗期洪涝、越冬期冻害、孕穗—成熟期霜冻、孕穗—成熟期连阴雨。但每个因子对最终产量的贡献是不一样的。

干旱是淮北地区出现频繁、影响范围大的农业气象灾害之一,平均 10 a 3～4 遇,但从模型看出,此期干旱对冬小麦产量是有利的。针对淮北地区的具体情况,经分析认为,冬前的适度干旱有利于冬小麦适时播种和出苗,并由于田间土壤湿度小,土壤透气性好,使个体能健壮生长,利于冬小麦安全越冬,因此,冬前适度干旱能增加冬小麦的产量。

在淮北地区,冬小麦正处于营养生长的关键时期,由于此阶段发生洪涝。返青—孕穗期洪涝易造成冬小麦生长受挫,使个体素质变差,不利于生物量的积累,从而造成减产,如 1963、1964、1973、1974、1977、1988、1989、1991 年都因发生洪涝而减产。

越冬期冻害对产量的影响可分两个方面:①当冻害较轻时,对产量有正的贡献。因为此时发生轻微冻害,可以对分蘖进行优胜劣汰,保留健壮的分蘖,抑制基本苗过多。使得大蘖能获得足够的养分和生长空间,保证越冬后,苗强苗壮,使冬小麦适度增产;②当冻害较重时(最低温度低于−5 ℃),冬小麦分蘖大量死亡,甚至主茎冻死,使基本苗大量减少,造成减产。

孕穗—成熟期霜冻。针对淮北地区的具体情况,根据历年资料分析,淮北地区孕穗—成熟期发生霜冻,除个别年份(1962、1978、1995 年)较重外,其余年份温度稍低,持续时间较短。这样可以适度延长冬小麦的生长期,利于灌浆;同时,霜冻一般在晴天发生,此时昼夜温差大,白天光合作用强,夜间呼吸作用弱,利于干物质的积累。因此,霜冻对最终产量是有利的。

孕穗—成熟期连阴雨也是淮北地区冬小麦生长期的主要农业气象灾害。在孕穗—成熟期的连阴雨因光照减少,光合作用减弱,影响灌浆。同时,连阴雨易造成烂麦场,影响小麦收割、打晒,使冬小麦减产。

张旭晖等(2004)研究了 2002 年江苏主要农业气象灾害及其对社会的影响。认为2002 年江苏省日照略少,降水量分布不均,淮河以南地区多持续阴雨,对夏熟作物危害重;淮北北部地区夏秋连旱使稻麦种植面积减少;全省台风、暴雨少。夏熟作物生长不断遭遇气象灾害,属减产气候年景。水稻全生育期气象条件利大于弊,获得丰收。棉花生育期气象条件有利有弊,属于一般气候年型。

严明良等(2006)详细分析了江苏沿海气象灾害,对预报产业警示技术做了较全面的介绍。认为江苏位于中国中纬度沿海,属东亚季风区,又属亚热带和暖温带的过渡区。东部临海近岸的气候资源为该地区工农业的发展提供了重要有利的自然条件。但是又由于处于中纬度气候过渡带,天气类型多、变化快,是典型的气候灾害频发区。常见的气候灾害有洪涝、干旱、暴雨、连阴雨、热带气旋、冰雹与龙卷风、霜冻、大雾等,严重影响着人民生活和国民经济的发展。利用江苏东部临海 1961—2000 年的气候资料进行统计分析,可以看出,东部临海近岸的主要气候的特点是:季风显著、四季分明、冬冷夏热、降雨集中、春温多变、秋高气爽、光能充足、热量富裕、雨热同季。由于海洋具有特有的热力、动力特性,总体而言对当地的气候起到调节气温、增大风速的作用,同时海洋又是云、雾和降水水汽的主要来源,对当地降水量也有着显著的影响。从热带气旋气候特征来看,热带气旋是影响江苏东部临海近岸的主要灾害性天气之一。在其活动的过程中,伴随有狂风、暴雨、巨浪和风暴潮。分析 1961—2000 年的热带气旋可以看出,40 a 中共有 127 个热带气旋影响江苏东部临海近岸,平均每年 3.2 个。其中 1961、1990 年影响热带气旋多达 7 次,是历史上最多的年份。而 1979、1993、1996 年 3 a 中无热带气旋影响,有一半的年份江苏沿海受到 4 次及以上的热带气旋影响。江苏沿海受热带气旋影响的时间为 5 月中旬至 11 月下旬,影响的集中期是 7—9 月,占全年的 85%,8 月为最多影响月,占全年的 39%。据统计,60% 的热带气旋影响江苏时出现暴雨,平均每年 1.8 次。有 52% 的热带气旋影响江苏时出现大风,平均每年 1.6 次。

俞剑蔚等(2008)利用江苏省 59 个测站 1960—2006 年的沙尘天气观测资料,通过时间序列线性变化趋势、小波分析等方法,研究了江苏沙尘天气的时空分布及年际和年代际变化特征。结果表明:江苏沙尘天气在空间上呈北多南少、西多东少,年发生频数差异明显的特征;47 a 江苏沙尘日数年际变化明显,总频次呈减少趋势,沙尘强度呈减弱趋势;江苏沙尘天气季节分布不均匀,3—4 月为沙尘天气多发生期,6—10 月基本没有沙尘天气发生,11 月后沙尘天气开始增多;从小波分析的结果看,江苏沙尘天气具有 2、4、6、8 a 的周期变化和 11、20 a 的年代际周期振荡,其中 8 和 20 a 周期振荡是主要特征,20 a 的周期振荡贯穿始终。

利用天气学、统计学方法结合数值预报产品释用建立了江苏沿海各季节不同形势、不同海域的海面大风、大雾等灾害性天气警示预报数值产品天气学释用模型和统计学预报方程。考虑到江苏沿海产业快速发展的需要,在临海近岸有规模性现场行业内部调查的基础上,结合实际观测、实验分析手段,收集临海行业部门对气象条件的依赖性和敏感度的大量特种资料,分析它们的作用和影响机理,利用气象学统计技术原理,将多种气象要素综合设计为线性和非线性的气象警示数学模式,开发了江苏沿海多种行业产业气象警示预测模型,形成了一套沿海灾害性天气和产业警示的预报流程。

二、气候变化对浙江省社会经济的影响评估

1. 气候变化的事实

浙江位于中国东部沿海,处于欧亚大陆与西北太平洋的过渡地带,该地带属典型的亚热带季风气候区。浙江陆地总面积 10.18 万 km²,境内地形起伏较大,浙江西南、西北部地区崇山峻岭,中部、东南地区以丘陵和盆地为主,东北地区地势较低,以平原为主;全省陆地面积中,山地丘陵占 70.4%,平原占 23.2%,河流湖泊占 6.4%。浙江海岸线全长 2253.7 km,沿海共有 2161 个岛屿,浅海大陆架 22.27 万 km²。受东亚季风影响,浙江冬夏盛行风向有显著变化,降水有明显的季节变化。由于浙江位于中、低纬度的沿海过渡地带,加之地形起伏较大,同时受西风带和东风带天气系统的双重影响,各种气象灾害频繁发生,是中国受台风、暴雨、干旱、寒潮、大风、冰雹、冻害、龙卷风等灾害影响最严重地区之一。

浙江气候总的特点是:季风显著,四季分明,年气温适中,光照充足,雨量丰沛,空气湿润,雨热同步,气候资源配置多样,气象灾害繁多。浙江年平均气温 15～18 ℃,极端最高气温 33～43 ℃,极端最低气温 −17.4～−2.2 ℃;全省年平均雨量在980～2000 mm,

年平均日照时数 1710～2100 h。

春季,东亚季风处于冬季风向夏季风转换的交替季节,南北气流交汇频繁,低气压和锋面活动加剧。浙江春季气候特点为阴冷多雨,沿海和近海时常出现大风,全省雨水增多,天气晴雨不定,正所谓"春天孩儿脸,一日变三变"。浙江春季平均气温 13～18 ℃,气温分布特点为由内陆地区向沿海及海岛地区递减;全省降水量 320～700 mm,降水量分布为由西南地区向东北沿海地区逐步递减;全省雨日 41～62 d。春季主要气象灾害有暴雨、冰雹、大风、倒春寒等。

夏季,随着夏季风环流系统建立,浙江境内盛行东南风,西北太平洋上的副热带高压活动对浙江天气有重要影响,而北方南下冷空气对浙江天气仍有一定影响。初夏,浙江各地逐步进入汛期,俗称"梅雨"季节,暴雨、大暴雨出现概率增大,易造成洪涝灾害;盛夏,受副热带高压影响,浙江易出现晴热干燥天气,造成干旱现象;夏季是热带风暴影响浙江概率最大的时期。浙江夏季气候特点为气温高、降水多、光照强、空气湿润,气象灾害频繁。全省夏季平均气温 24～28 ℃,气温分布特点为中部地区向周边地区递减;各地降水量 290～750 mm,东部山区降水量较大,如括苍山、雁荡山、四明山等,海岛和中部地区降水相对较少;全省各地雨日为 32～55 d。夏季主要气象灾害有台风、暴雨、干旱、高温、雷暴、大风、龙卷风等。

秋季,夏季风逐步减弱,并向冬季风过渡,气旋活动频繁,锋面降水较多,气温冷暖变化较大。浙江秋季气候特点:初秋,浙江易出现淅淅沥沥的阴雨天气,俗称"秋拉撒";仲秋,受高压天气系统控制,浙江易出现天高云淡、风和日丽的秋高气爽天气,即所谓"十月小阳春"天气;深秋,北方冷空气影响开始增多,冷与暖、晴与雨的天气转换过程频繁,气温起伏较大。全省秋季平均气温 16～21 ℃,东南沿海和中部地区气温偏高,西北山区气温偏低;降水量 210～430 mm,中部和南部的沿海山区降水量较大,东北部地区虽降水量略偏小,但其年际变化较大;全省各地雨日 28～42 d。秋季主要气象灾害有台风、暴雨、低温、阴雨寡照、大雾等。

冬季,东亚冬季风的强弱主要取决于蒙古冷高压的活动情况,浙江天气受制于北方冷气团(即冬季风)的影响,天气过程种类相对较少。浙江冬季气候特点是晴冷少雨、空气干燥。全省冬季平均气温 3～9 ℃,气温分布特点为由南向北递减,由东向西递减;各地降水量 140～250 mm,除东北部海岛偏少明显外,其余各地差异不大;全省各地雨日为 28～41 d。冬季主要气象灾害有寒潮、冻害、大风、大雪、大雾等。

2. 气候影响社会经济发展的研究成果综述

郭文扬和汪铎(1987)根据 1953—1983 年油茶产量资料,结合气象资料,对浙江中部丘陵地区的油茶产量作了气候分析。指出影响油茶收成的气候因子主要是:开花期的最低气温,结果初期的平均气温,盛夏的雨水和夏秋的持续高温期。主要有以下几点结论:

(1)金衢丘陵的气候能满足油茶生长发育需要,海拔 600 m 以下酸性红壤或黄红壤丘陵山地都宜种植。油茶产量波动较大,一方面是由于季风气候下冬季低温、夏季高温干旱引起的。另一方面栽培粗放、缺乏精心管理也是油茶单产低、产油少的重要原因。

当地红壤土类缺少有机质,需要增施肥料,套种绿肥,改良土壤,制止水土流失,加强栽培管理,才能使油茶高产稳产。

(2)据研究,油茶花粉发芽的适宜温度是 10~20 ℃,5 ℃以下发芽率仅为 0%~5%。花粉囊开裂的最适温度是 15~25 ℃,低于 8 ℃即受抑制,遇低温霜冻,对产量影响较大。因此,油茶盛花期,一定要在初霜前半个月左右结束。当地初霜平均出现在 11 月中旬后期至下旬中期,80% 保证率在 11 月上旬末—中旬初,山区每上升 100 m 初霜平均提前 2~3 d。针对这一情况,要求选育抗霜冻低温能力强的品种和早开花的品种,使油茶在早霜来临前绝大多数能安全开花受精。

(3)据当地调查,油茶产量和含油率因坡向而异,南坡产量和含油率较北坡高。这可能是南坡热量和光照条件优于北坡,有利于油茶光合作用和油分的转化。金衡丘陵地形复杂,小气候资源丰富,在发展油茶生产时应充分注意利用。在选择坡向栽种时,还应注意随海拔增高,生长期缩短,积温减少,冬季低温概率增大,油茶产量将受到限制。一般情况下,白花油茶应以 600 m 为栽种上限,红花油茶可栽在 500~1000 m 的朝南缓坡上。

郑平胜等(1986)根据 1980—1984 年浙江冬季带鱼汛实践及有关气象资料,并查考了历史的鱼汛和气象资料,提出了用副热带高压、近岸气温、大风等气象要素预报鱼汛期进展的简单方法。认为浙江近海冬季鱼汛从开始到结束的全部过程始终与气象因素有关,总结了如下几点结论:

(1)在鱼讯开始前,可用当年 7 月副热带高压北界、10 月近岸平均气温和 10 月副热带高压脊线的南北位置预报带鱼旺发迟早。北界、脊线偏北,气温低、预报旺发早;反之,则预报旺发迟。

(2)在鱼汛开始后,可以浙北近岸 11 月份 11℃以下低气温出现日,作为近期内出现带鱼旺发的短期预报指标。

(3)中心渔场的经向转移与鱼汛期内气温降幅有关,月平均气温降幅大,中心渔场经向南移快,反之则南移缓慢。

(4)带鱼旺发结束期与 12 月副热带高压脊线位置、10—11 月副热带高压脊线南撤幅度有关。脊线偏南、南撤幅度大,旺发结束迟;反之,则偏早。11—12 月浙江沿海大风次数与旺发结束期的关系是:大风多,旺发结束期稍迟,大风少,鱼汛将较快地临近尾期。

(5)鱼汛尾期的长短与当时的天气状况密切相关。天气良好,雨雪少,风小,鱼汛尾期长;若多连续大风,降温快,雨夹雪天气多,则鱼讯尾期短。

俞存根(1987)根据 1961—1982 年浙江渔场冬汛带鱼产量资料、南京紫金山天文台的太阳黑子资料以及气象站有关气象资料的统计,就浙江近海冬汛带鱼渔获量与太阳黑子、气象要素的关系做了研究。统计发现,太阳黑子与带鱼渔获量存在一个超前时距的良好负相关关系,其超前时距约为 1 a;带鱼气象渔获量的丰歉与当年降水量的多寡具有较好的负相关关系。渔获最为丰产的年降水量略小于歉收年的年降水量,4—6 月的平均降水量,丰产年(329.2 mm)明显少于歉收年(382.4 mm),略低于历年平均水平(331.5 mm),歉收年高于历年平均水平。9—12 月的平均降水量,丰产年(270.1 mm)

低于歉收年(285.9 mm)。另外,平产年 4—6 月的平均降水量(307.7 mm)偏低于丰歉年及历年平均水平,9—12 月的平均降水量(307.2 mm)偏高于丰歉年及历年平均水平。

气温是影响海洋环境条件的主要气象要素之一。对带鱼渔获量的影响,主要是 9 月以后的气温变化,从 9 月开始,约到翌年 1 月底,如果渔场气温连续比常年偏高,各月的距平出现正值,即暖冬年份,带鱼渔获量往往产况欠佳,渔获量偏低。若气温连续偏低,特别是前期渔场气温明显低于常年的年景,即明显的冷冬年景,带鱼渔获量也不会丰收,如 1976 年,9 月—翌年 1 月气温明显比常年偏低,9—11 月,总距平就达 −4.3 ℃,当年带鱼歉收,渔获量为 −20.89 万担。在气温偏高的暖冬年,由于气温偏高,水温也将相应偏高,下降缓慢,致使带鱼鱼群分布范围广,密度稀疏,难以捕获大网头,因而产量不大,而在气温明显偏低的冷冬年,由于低温影响,致使水温急剧下降,鱼群迅速南移,在浙江近海渔场滞留时间缩短,渔民捕捞作业时间减少,从而影响带鱼渔获量。

另外,大风与冷空气活动也是十分重要的影响因子。冬汛期间冷空气活动次数比常年偏多或偏少的年份,渔获量常常歉收,气象渔获量出现负值。冷空气活动次数近常年或多,但强度弱的年份,渔获量常常出现丰产或平产。鱼汛前期大风次数偏多,鱼汛期间大风多而影响时间短的年份,一般带鱼渔获量大,大风活动次数少,持续时间长的年份,其渔获量小。这是因为,冷空气的活动致使水温下降,同时随着冷空气南下,常伴有大风过程,促使上、下层海水混合,跃层消失,鱼发转好。在冷空气多而强度弱的年份,由于水温偏低常常导致鱼群过早南下,缩短了鱼汛期,在冷空气偏少的年份,水温偏高,海水结构稳定,鱼群进场推迟,分布稀疏,同样难以得高产,在冷空气活动正常,大风次数正常或偏多,持续时间短的年份,由于适宜的水温,以及风前风后的鱼群聚集,密度高,常获大网头,出现丰产年。但当大风天气连续影响的情况下,由于渔民无法出海生产,失去了作业时间和捕捞机会,渔获量较小。

周子康(1986)研究了浙江丘陵山地茶树气候资源及其开发利用问题。浙江是全国重点产茶省份之一,绿茶出口量约占全国绿茶出口量的 60%。全省名茶众多,其中 80%以上分布在丘陵山地,如云和惠明、天目青顶、东阳东白、华顶云雾、雁荡毛峰、余姚瀑布、安吉银坑白片等。在全国茶树气候区划中,浙江属茶树气候适宜区。但实践表明,浙江的不同地域或同一地域的不同海拔高度,茶树生态气候资源差异甚大,致使茶叶的产量、质量和经济效益也迥然相异。主要结论如下:

(1)茶叶的产量、自然品质,特别是经济效益常是光、热、水等资源综合作用的结果。茶叶产量和自然品质(以氨基酸含量的多寡来表征)在浙江丘陵山地呈反位相的分布。即平均单产随海拔高度呈负指数规律递减,氨基酸含量在 900 m 以下随海拔高度呈指数规律递增。

(2)按综合资源的优劣,浙江丘陵山地在垂直方向上可分为四层,即茶树气候资源相对劣势层(A)、茶树气候资源相对良好上层(B)、茶树气候资源相对优势层(C)和茶树气候资源相对良好下层(D)。浙江丘陵山地茶树气候资源以 C 层最为优厚。浙江名(绿)茶 70%左右产于此层。在其他条件满足下,经济效益也以此层为高临界。茶树气候资源以 B 和 D 层次之,A 层最劣。在同一海拔高度处,浙南的茶树气候资源优于浙中,浙中优于浙北。

(3)茶树气候资源在茶季分布上,就山体下部而言,春茶期最优,秋茶期次之,夏茶期最劣。就山体中下部而言,春茶期最优,夏茶期次之,秋茶期最劣。

(4)浙江各山区春茶生育期内的气候资源较中国其他产茶省优越,充分发挥这一优势,进一步提高春茶产量(相应地降低秋茶产量),是提高浙江茶叶产量和质量的重要方面。在山体下部积极发展人工灌溉,提高抗高温抗旱的能力,以提高夏秋茶的产量和自然品质。这对进一步发展浙江茶叶生产也有良好的作用。在茶树气候安全栽培高度以上的层域,一般不宜发展茶园。

方龙龙和刘际松(1988)分析和评价了浙江普陀朱家尖海岛的旅游气候资源。从气候条件分析,朱家尖岛作为旅游基地来开发是可行而有价值的。朱家尖地处长江三角洲的近海地带,它的开发不仅扩大了普陀山现有的旅游空间容量,增加了山海林沙风景观赏、水上运动和度假休疗等旅游活动项目,而且还连贯了中国南北方沿海以夏季避暑消夏为目的的海滨旅游线。虽然有以上海经济协作区和已形成的华东(江南)旅游网络作为依托,朱家尖(或以普陀山为中心包括沈家山、朱家尖组成的"旅游金三角")的开发前景是令人乐观的。但是在进行总体规划时,必须充分考虑到副热带季风气候区中的季风特点,扬长避短,以取得更大的经济效益。

(1)朱家尖的旅游功能应以夏半年避暑消夏和开展水上运动为主,辅以短期观光游览。其理由是,从人们旅游活动对气候环境的要求来看,相比之下,夏季的优势较为突出。根据温度、湿度和风速要素综合指数的计算,朱家尖盛夏(7、8月)温湿指数(TH)和温风指数(TW)分别达26和160,虽然比同期的北方海滨逊色一些,但已基本上达到避暑消夏的气候条件,况且该岛具有北方海滨远所未及长达100 d之久的"水上运动适宜期"。而在冬半年持续近4个月的冬季天气虽不算冷,但风大,湿度高,人体所感觉到的"实感温度"仍十分低,不适宜旅游和疗养。浙北沿海冬季多大风,春季多海雾,海上交通航线经常受阻,旅游时间安排上不经济,这样势必会影响到人们对海岛旅游的兴趣。另外,值得指出的是滨海地区空气中含盐成分高腐蚀性强,设施损耗快,使用周期短,再加上岛上风压大,建筑成本贵,因此目前不宜大规模兴造高层豪华宾馆和高级疗养院。

(2)布局上,应与"阳光、大海、沙滩、翠林"协调统一,保持和谐,充分发挥副热带气候的特色。在全岛统筹规划的基础上,应优先开发自北山—大山—大青山一线以东的沙滩和坡地,建立一个以南沙为中心的多功能多层次的旅游活动区:在风浪较小的缓坡沙滩可开辟海水浴场,在风浪较大的近海水域可作为帆板、滑水、冲浪等航海运动基地,在吞湾和山地的南—东南向坡地上可安排固定的重点建筑设施,如宾馆、休养院和招待所,在沙滩以上的低地上可建立简易的度假村、运动村(水上俱乐部)和露宿营地。

应该指出,在划定的风景旅游区范围内,必须严格保护并迅速扩大绿化面积,尽可能改变目前以黑松为主,林木单一的状况。尤其是在建筑物的附近,应在最多风向(如南沙冬季为西北—西北北风,夏为东南—东南东风)的上风方种植防护林。这样,一方面可降低风力、阻挡灰沙,另一方面也可改善植被景观,美化环境。

(3)充分利用海岛冬无严寒,夏季沙地地温日较差较大的农业气候资源,大力发展具有较高经济价值的果蔬、瓜类及其他种植业(如黄桃、柑橘、西瓜和大头菜等)。特别是在坐北朝南的吞湾(里番、荷花池、樟州等地附近),冬季受冷空气影响较小,可逐步引进中亚热带和南亚热带具有观赏价值的花卉苗木。

(4)与中国其他海滨旅游区相比,朱家尖虽具有年降水丰富,又有一定淡水水源(井、塘)等优势,但岛上仍存在用水的供需矛盾。尤其是在盛夏季节,降水较少,蒸发甚多(其量为全年最大),时有不同程度的旱情发生;而此时恰正值游客流量升达高峰时期,淡水用量激增,势必会出现入不敷出的现象。这一矛盾最终必将成为限制旅游容量的关键问题(卡口)。因此,如何充分保护和合理使用岛上的淡水资源(包括降水和地下水),如根据有利地形和水文条件建造和扩大山塘、水库、水井涵管等蓄水引水工程,大力开展和推广淡水循环(再生)利用和海水综合利用、调整工农业用水和生活用水比例,以及制定落实节约用水的计划措施等工作都应予以足够的重视。

陈丽珍等(1990)利用浙江省 14 个站点 1953—1988 年近 40 a 的资料,对浙江省气温、降水、日照的变化做了初步分析,并对气温、降水未来 5 年变化趋势进行了预测。近 40 a 来,浙江省的气温变化特征:年平均气温在 20 世纪 50 年代中期为冷期,50 年代末至 60 年代中期为暖期,从 60 年代后期开始降温一直持续到 80 年代。从全省而论最暖年是 1961 年,个别站为 1953 年。10 月平均气温自 70 年代后期开始逐渐上升至今,6 月平均气温自 70 年代中期起逐渐下降至今。冬季有变暖趋势,夏季高温各地变化各异,浙中、杭嘉湖平原有下降趋势而浙南及沿海地区均有不同强度的上升趋势。并对 1990—1994 年的气温、降水趋势预测作了尝试,结果如下:年平均气温变化不大,接近常年或略偏低。1 月平均气温全省一致比常年偏暖。7 月平均气温:龙泉、椒江、简州在 1992 年前后将趋向接近常年或略偏低,其余地区是接近常年或略偏高。气温变率最大处是浙江中部。年降水量,浙北、浙中、温州在 1991 年前后起将趋向逐渐减少。椒江、浙西南趋向多雨等。

简根梅等(1994)在综合旅游与气候资源的基础上,建立了一套旅游气象服务系统,为旅游部门提供必要的气象信息。将浙江省划分三大旅游气候区:浙西北春、秋少雨旅游气候区(Ⅰ),浙中南春多雨秋少雨旅游气候区(Ⅱ),浙东南沿海春少雨秋多雨旅游气候区(Ⅲ)。三大旅游气候区又可分为若干副区,Ⅰ—1 区为浙北多晴暖天气旅游气候副区,Ⅰ—2 区为浙西晴雨相间天气旅游气候区,Ⅱ—1 区为浙中秋高气爽天气旅游气候区,Ⅱ—2 区为浙南山区春暖秋阴天气旅游区,Ⅲ—1 区为浙北沿海春冷秋暖天气旅游区,Ⅲ—2 区浙中沿海春阴暖秋多晴天气旅游区,Ⅲ—3 区为浙南沿海暖春秋阴雨天气旅游区。

浙西北春秋少雨旅游气候区(Ⅰ)位于浙江省的西北部,包括杭、嘉、湖平原和萧、绍平原。春季月平均降水量都小于 160 mm,秋季在 80～100 mm。

浙北多晴暖天气旅游副区(Ⅰ—1):春季月平均日照时数都大于 160 h,是全省日照时数最多的区域,秋季在 170～180 h。月平均降水日数春季在 15 d 以内,秋季在 10 d 以内,降水日数也是全省最少的区域。月平均气温,春季在 16～17 ℃,秋季在 17～17.5 ℃。日平均气温春秋两季均稳定在 10～20 ℃ 的持续天数有 165—180 d。从每年出现旅游最佳时段来看,春、秋季晴暖天气时段多。而就全省而言,本区旅游适宜期偏短,春季旅游气候资源优于秋季,春季降水量小,日照多,晴暖天气稳定,是春季旅游最佳区域。统计表明,每年 5 月是最佳旅游月,该月的 5—10、14—18 日是最佳旅游时段。但春旅时还需避开连阴雨和暴雨天气。秋季降水偏少,日照偏多,气温较低,晴暖天气多,但易受台风外围影响。10 月为最佳旅游月,该月 6—10、26—30 日为最佳旅游时段。

浙西晴雨相间天气旅游气候副区(I—2):春季月平均日照时数在 140～150 h,秋季在 160～170 h。月平均降水日数,春季在 16～17 d,秋季在 10～11.5 d。春秋两季月平均温度在 17～18 ℃,日平均温度稳定在 10～20 ℃持续天数约 160～170 d。从普查各年出现旅游最佳时段,乍晴忽雨天气多,晴暖天气时段不多。就全省而论,本区旅游适宜期短,较 I—1 区少 5～10 d。由于乍晴忽雨天气多,会给旅游者的着装带来一定不便。5 月为最佳旅游月,该月 5—9、16—19 日为最佳旅游段,不过,春游时要避开连阴雨和暴雨天气。秋季降水、日照偏少,雨日偏多,较 I—1 区多 1.5 d。秋季温度仍偏低,易受台风外围影响,10 月为最佳旅游月,该月的 6—10、26—30 日为最佳旅游时段。

浙中南春雨多,秋雨少旅游气候区(II)位于浙江的中部、西南部,包括金衢盆地、浙南腹地、欧江中游一带。从地势区别,浙江中部和西南部有明显差异,前者为浙江省最大的金衢盆地,而后者以丘陇山地为主,而降水却没有多大差异。春季月平均降水量在 170～240 mm,秋季月平均降水量在 80 mm 以下,春季是全省降水量最多之处,秋季则反之。

浙中秋高气爽天气旅游气候副区(II—1)。春季月平均日照时数在 150～160 h,秋季在 180—190 h,为全省日照最多之处。月平均降水日数春季在 17～18 d,秋季在 10 d 以下。春、秋季月平均气温在 18～19 ℃,日平均气温稳定在 10～20 ℃持续天数在 172～180 d。由于春季阴雨天气多,秋季晴暖天气时段多,本区旅游适宜期长,较 I 区要长 12～20 d。相对而论,春季旅游气候资源偏差,秋季较优。春季降水量大、雨日多、日照偏少、气温高,春秋平均气温相当,晴暖天气不稳定。5 月为最佳旅游月,该月 6—10、16—19 日为最佳旅游时段。秋季降水少,是全省日照最多的地区,秋高气爽的天气稳定,台风影响不多,为秋游最佳区域。9 月为最佳旅游月,该月 5—10、17—20、25—30 日为最佳旅游时段。

浙南山区春暖,秋阴天旅游气候副区(II—2)。春季月平均日照时数在 130～140 h,秋季在 155～165 h,为全省日照时数最少的地方。月平均降水日数春季可达 18～19 d,秋季在 10～11 d。春季月平均温度在 18.5～19.5 ℃,秋季为 18～19 ℃。日平均气温稳定在 10～20 ℃的持续 175～190 d。春季阴雨天气多,秋季阴天多,其特点是春季山区温度高,且春季高于秋季,易形成暴雨,降水量大,雨日又多,3 d 中就有 2 d 为雨日,不利春游。6 月为最佳旅游月,该月 2—8、25—30 日为最佳旅游时段,旅游日数不多。秋季山区以局地降水为主,降水量不大,阴天多,日照少,仍为旅游好时光。尤其是受台风影响不大,是台风季节的最佳旅游地区。9 月为最佳旅游月,该月 5—10、25—30 日为最佳旅游时段。

浙东南沿海春雨少,秋雨多旅游气候区(III)位于浙东沿海地区,包括宁波、台州、温州平原及沿海诸岛屿。受海洋性气候影响,形成与内陆有明显差异的气候特点。春秋两季的旅游气候资源的优劣并不明显。春季月平均降水量在120～90 mm,秋季在100～120 mm。可分为三个旅游副区。

浙北沿海春冷秋暖晴天气旅游气候副区(Ⅲ—1):春季月平均日照时数在150～160 h,秋季在170～185 h。月平均降水日数春季在16～17 d,秋季在10～12 d。月平均温度春季在15～17℃,秋季在18～19 ℃。日平均温度稳定在10～20 ℃的持续天数1～180 d,晴暖天气时段较多,但旅游适宜期偏短。春季降水少,日照偏多,由于海洋的滞缓作用,春季回温慢,但秋季降温也慢,秋季气温高于春季,晴暖天气稳定,旅游则要避开连阴雨和大风日,适宜海上春游。5月为最佳旅游月,该月5—9、16—18日为最佳旅游时段。秋季台风雨多日照偏多,温度高,尤其是台风过后往往为秋高气爽,适宜于秋游。10月为最佳旅游月,该月8—12、28—31日为最佳旅游时段。

浙中沿海春阴秋乍晴天气旅游气候副区(Ⅲ—2)是Ⅰ—1区向Ⅲ—3区的过渡区,旅游适宜期长,约172～190 d。与Ⅰ区相比,月平均降水量偏多20～30 mm,月平均降水日偏多1 d,月平均气温约偏高1～2 ℃,月平均日照时数偏少20～30 h,春秋温差较小,阴雨天气较多,比Ⅲ—1区要差一些。6月为最佳旅游月,该月3—9、22—27日为最佳旅游时段,秋季旅游气候资源与Ⅲ—1区相同。仅台风影响较Ⅲ—1区偏多一点,故降水量也大。10月为最佳旅游月,该月的7—13、28—31日为最佳旅游时段。

浙南沿海春秋暖阴天气旅游气候副区(Ⅲ—3):月年均日照时数春季特少,小于130 h,秋季在170～180 h,月平均降水日数春季在18～19 d,秋季在10～11 d左右,月平均温度春季为17～18 ℃,秋季在19～20.5 ℃。日平均温度稳定在10～20 ℃的持续天数约190 d,该区旅游适宜期最长。春季旅游气候资源较差,秋季较优。春季降水偏多,日照为全省最少区,雨日多,3 d中2 d有雨,春季气温偏低,秋季气温高于春季2～2.3 ℃,阴雨天气稳定,再加多大风天和雾日,对春游极为不利。6月为最佳旅游月,该月2—6、25—29日为最佳旅游时段。秋季多台风雨,日照偏多,温度较高,若避开台风影响日,秋高气爽天气稳定的10月为最佳旅游月,该月的7—12日、18—21日为最佳旅游时段。

旅游气象服务系统把收集全省的旅游资源、气候资源在微机上进行自动信息化,以图表形式屏幕显示。并根据气象台发布的长、中、短期预报结果,按旅游部门的要求,加工成旅游气象预报产品,为旅游业推销、开发、接待提供气象信息。

郭力民(1996)研究了浙江海岛气候资源的开发利用与气候环境的保护问题。认为浙江省海岛气候资源丰富,风能属全国最富集地区之一,利用风力发电是一种解决海岛电力紧缺状况的有效途径。海岛气候温和宜人,空气清新湿润,冬暖夏凉,无高温酷暑,少严寒冰冻,光照充足,径流量大,为发展海水养殖和经济作物提供了良好的气候环境,并在发展旅游业方面具有得天独厚的优势。在发展海岛经济建设时,应合理开发利用气候资源,同时应保护和改善气候环境。

张君圻和林绍生(1996)应用聚类分析对浙江桔区进行了气候生态区划,进而结合品种生物学特性和区域经济将浙江桔区生产区划为17个亚区,并评述了各(亚)区开发前景。

　　张君圻(1999)为合理利用浙江气候生态资源,对浙江3个脐橙生产区关系到脐橙生长发育的气候生态因子进行了差异显著性测定。评述了各区,尤其是浙中内陆橙产区气候生态对脐橙优质丰产栽培的作用。基本结论如下:

　　(1)浙南脐橙生产适宜区。该区位于28°05′N以南的浙南沿海,纬度偏低,受海洋大气环流影响明显。年均气温、年均最低气温、极端低温、≥10 ℃·d积温、果实生长发育期≥12.5 ℃·d积温均列三区之首,而极端高温、年≥35 ℃日数、年最低温≤0 ℃的日数、年≤-5 ℃日数是三区中的低值。表明该区几无脐橙冻害,又极少发生37 ℃以上高温抑制光合作用现象,加上日照充足,雨水充沛,是浙江罕有的脐橙生产适宜区。但该区多台风暴雨,风后易流行溃疡病,花期大气湿度高,对脐橙(尤其是华盛顿老系)结果不利。10—11月果实成熟期日夜温差与内陆橙区差18 ℃,不利果实转色增糖。

　　(2)浙中内陆脐橙次适宜区。本区包括金衢盆地中西部、新安江水库及其流域和丽水地区的大部分区域。位于浙江腹地,受海洋环流影响较小。年均气温、≥10 ℃·d积温、果实生育期≥12.5 ℃·d积温等生态因子与浙南脐橙生产适宜区无本质差异,说明热量充沛。但该区年均最高气温、年均最低气温、极端高温、极端低温、年≥35 ℃日数、年≤-5 ℃日数均列三区之首,表明该区温度变化激烈,存在危及脐橙生存的冻害低温和抑制光合作用的高温。浙江橙区年降水量充足,但时序分布不匀,此区易伏旱,抑制果实发育,灌溉尤显必要。然而,由于该区热量充沛,年相对湿度,尤其是花期、幼果期的大气湿度为三区之低值,为脐橙开花坐果提供了极佳生态环境。因为在23～33 ℃脐橙生长最适温度区,温度愈高果实愈甜。≥10 ℃·d年积温愈高,果实风味愈浓。脐橙对空气湿度敏感,63%～72%为理想区,尤其花期湿度,与脐橙坐果关系密切。这些优越的因子综合,为该区脐橙提高坐果率,生产优质果提供了生态学基础。

　　(3)浙东沿海脐橙次适宜区。本区包括沿象山港、三门湾分布的沿海橘区,由于纬度和海洋大水体调节和天台山、括苍山对寒流的屏蔽,热量不如浙南脐橙生产适宜区充足,温度变化不如浙中内陆脐橙次适宜区激烈,冻害概率较浙中内陆脐橙次适宜区低。生态综合因子固然能保证脐橙开花结果,但生态因子使果实品质稍逊于浙南脐橙生产适宜区、浙中内陆脐橙次适宜区,应加强栽培管理和溃疡病防治。

　　根据浙江气候生态条件的综合分析,在浙江日美系脐橙生产区划时,重视浙南沿海适宜区的开发,更将衢州、丽水地区作为浙江发展脐橙生产的重心。现有8250 hm² 基地,该区约占80%。1991/1992年冬春是中华人民共和国成立以来第四次大冻害,浙江的脐橙基地,经受了考验,浙中内陆脐橙次适宜区,翌年即恢复生产。正确的区划发挥了资源优势,促进了生产发展。

　　马志福等(2003)研究了气候变化对浙江慈溪市旅游投资的影响。得到了如下几点结论:

　　(1)近50年来慈溪市年平均气温变化趋势为递增型,平均每10 a升高10 ℃,其中20世纪90年代升高幅度最大,并且以5月和2月升高幅度最大,其值均为1.2 ℃。夏季的6月和8月升高幅度不大,在0.3～0.4 ℃;秋季增温幅度接近常年。

（2）近50年慈溪市年降水量除20世纪60年代减少外，其他年代均呈增大趋势，其中以90年代增大幅度最大（88.3 mm），其次是50和80年代，增大幅度分别为69.3 mm和46.3 mm，70年代增加幅度最小（12.1 mm）。这与全国的总趋势有所不同；年降水量随年代呈递增型，递增率为2.3 mm/a，即平均每10 a增大23 mm左右。

（3）慈溪市四季降水分配特征以夏季降水量最大（139.2 mm），其次是春季（116.9 mm）和秋季（105.1 mm），冬季降水量最小（59.0 mm）；近50年来慈溪市四季降水量变化特征：除20世纪70年代和90年代夏季增加最多外，均以秋季增大幅度最大，其中50年代秋季增大43.8 mm，60年代秋季增大52.0 mm，70年代秋季增大82.7 mm，80年代秋季增大46.5 mm，90年代秋季增大最少，仅7.7 mm。

（4）近50年来慈溪市年平均相对湿度呈递减趋势，变化率为−0.03，即平均减少3%；浙江慈溪市多年相对湿度月际变化为三峰两谷型：其中以6月、9月、3月平均相对湿度最高，12月和1月相对湿度最小。

（5）近50年来浙江慈溪市年平均风速呈现递减趋势，变化率为−0.011 m/s，相关系数为0.5001；

（6）慈溪市近50年日照时数、年蒸发量随着年代为递减型，其中年日照时数平均每10 a减少68 h，年蒸发量平均每10 a减少近28 mm，这与不同年代均值对比分析的日照时数、年蒸发量随年代变化趋势一致，并且通过0.001显著性检验。这主要是由于气候变暖对浙江慈溪市区域气候影响，使得气温升高、降水量增大（阴雨天气增多），风速降低，导致日照时数和蒸发量降低。这一研究结果为慈溪市的旅游发展提供了科学依据。

（7）未来50年慈溪市温度升高，降水量增大。导致雨强增强，使日照时数、蒸发量减少。将使慈溪市旅游投资和可能收益呈现不同程度的增大。

孔邦杰等（2005）还探讨影响浙江仙居县漂流旅游的气候因素。采用仙居县漂流旅游项目营业至2005年的客流量和同期的降水、相对湿度、风速和气温等气象资料对仙居县永安溪漂流的气候影响因素进行了研究。分析了当地的人体舒适度指标，统计了月平均舒适天数，同时探讨了降水和高温的影响，得出适宜的气候条件，计算了各指标的距平百分率，并与客流变化作对比分析。结果表明：5和10月气候适宜且游客流量高；4、7和9月也为适宜时段，但客流量小，旅游资源有待进一步挖掘。

邓素清和汤燕冰（2005）利用2002年5—6月的赤潮纪录，及逐日的温度、气压和降水等实测资料，分析了浙江海域赤潮发生前期有关气象要素的变化特点；以及赤潮发生时，不同气象因子分布的统计特征。结果表明：浙江海域赤潮的发生有明显的地域特征，在不同海区，利于赤潮发生的气象条件是不同的。

浙江海区有利于赤潮发生的气象条件为：气压在1007～1012 hPa，风速2～12 m/s。其中对于浙北海区，日平均温度17～22 ℃；前3 d有一明显降水过程；前期有东南风过程。浙南海区：日平均温度19～24 ℃，前3 d无明显强降水过程。

樊高峰和毛裕定（2005）研究了2005年春季（3～5月）浙江天气与气候。发现浙江省2005年春季平均气温偏高，其中4月气温明显偏高，降水偏少。3月中旬因寒潮影响，全省出现大到暴雪，这是自1970年以来，浙江3月出现的范围最广，强度最强的一次降雪。春季强对流天气逐渐增多且活动频繁,给各行业造成严重损失。

娄伟平等(2006)通过 2000—2005 年的引种试验表明,短低温型油桃能适应浙中地区的气候条件。其中采摘期在 5—6 月上旬的油桃,不仅病虫害轻,果实商品率高,同时市场价格高。采摘期在 6 月中旬—7 月的油桃,易受病虫危害,果实商品率较低,市场价格偏低。因此,在浙中地区早熟油桃比中、迟熟油桃具有更强的气候生态适应性。

3. 气象灾害影响社会经济发展的研究成果综述

陈秀宝等(1991)根据 1951—1988 年 38 a 的气象历史资料及有关政府部门的材料、简报、报道,统计出台风、洪涝、海上大风和强对流天气等几种主要气象灾害对浙江经济造成的损失和伤亡人数。概述了浙江主要气象灾害。

(1)浙江由于濒临东海,地处亚热带季风气候区,西风带天气系统和热带的东风带天气系统交替出现,频繁结合,故而干旱、洪涝、台风、龙卷、雪灾、风灾、高温酷热、低温冷害样样都有。气象灾害多,灾情重。

(2)不同季节有不同的灾害。春季是强对流天气(龙卷、冰雹、大风)和低温冷害。夏季是洪涝和干旱,7—9 月是台风;秋季是低温或高温伤害;冬季是大雪、冰冻和严重威胁渔民的海上大风。同一气象灾害对不同地区影响程度不同。杭嘉湖和绍兴平原是"怕涝不怕旱,旱年得丰收"。而金华、丽水、舟山等地区特别怕旱,持续 20 d 高温无雨就会发生饮水困难,农田干裂。海上大风主要威胁渔业生产。强对流天气多发生在浙北、浙中和浙西山区,东部沿海地区则较少。台风是浙江省的主要灾害,但对西部山区往往是利多于弊,台风降雨可大大缓和旱情。

(3)台风。台风有极大的破坏力。台风过境,狂风呼啸,拔树毁屋,暴雨成灾。影响浙江省的台风最早是 5 月 19 日,最迟是 11 月 27 日。最早登陆浙江省的台风是 5 月 27 日,最迟是 10 月 4 日。可见,5—11 月浙江省均有可能受到台风影响,但主要是 7—9 月(占 70%)。造成重大灾害的强台风,平均每年约有一次,较多的年份有 4 次。台风最大过程雨量在 600~800 mm(相当于全年雨量的一半)。浙江省有 5 个台风暴雨区,在南、北雁荡山、象山港两侧、四明山和天目山。

(4)洪涝。短时特大暴雨和持续长时间的大暴雨会导致山洪暴发和水灾。浙江省的洪涝主要是汛期的梅涝和 7—9 月的台涝。浙西南丘陵山区梅涝最多,约两年一遇。全省有三分之一的年份梅涝较重。浙东南沿海地区梅涝不严重,而台涝比较严重。东风波等热带天气系统也常造成沿海地区的局地特大暴雨。

(5)干旱。出梅以后,副热带高压稳定控制造成的干旱每年都有发生,基本上是大旱三年一遇。干旱期的持续高温常造成早稻的高温杀伤和高温逼熟,结果是有穗无谷,收成减产。

(6)冰雹和龙卷。冰雹和龙卷是由强烈的对流天气造成的。主要出现在 3—8 月(占 88%),尤以春季为重。因为,此时冷暖空气交汇剧烈,极易产生强对流天气。湖州、缙云和浙西南山区最易出现。危害较大的冰雹灾害平均每年有一次。

(7)春季低温。4 月,若连续出现 3 d 以上日平均气温低于 11 ℃的寒冷天气,就会造成早稻烂秧,春花作物及柑橘、茶、桑亦遭冻害。大面积烂秧的倒春寒重灾年约四年一遇。

(8)秋季低温。晚稻的"克星"是秋季低温。若抽穗扬花期正好遇上低温,就会造成"翘稻头",瘪谷空壳。常年秋季低温连续 3 d 以上不高于 20 ℃ 的初日浙北为 9 月 27 日,东部沿海及浙南是 10 月 1—10 日。23℃冷害初日,常年平均浙北是 9 月 13—15 日,浙中、南为 9 月 16—22 日。20℃低温危害概率杭州是 45%,金华是 34%,22℃低温危害概率金华为 45%,温州为 29%。低温危害为 2~3 a 一遇。

(9)大雪。雪灾主要危害铁路、公路运输和邮电通信。

(10)海上大风。浙江海域面积约 86 万 km²,有全国最大的舟山、大陈渔场。鱼讯期,来自江、浙、闽、沪三省一市的十几万渔民在海上捕鱼作业。茫茫大海上突起的大风对渔民生命威胁很大。台风、洪涝、冰雹、龙卷和海上大风致使全省 38 a(1951—1988 年)死亡 14000 余人,仅台风和冰雹、龙卷就伤 3 万余人。平均每年有近 400 人死于气象灾害。

要防范气象灾害,应加强灾害性天气的科学研究,做好气象预报、警报服务。应用"农业气候区划"成果,认识气象灾害出现规律,兴修水利,治理河道,植树造林,改造气候。

周子康(1992)研究了影响浙江粮食生产的气象灾害的若干特征。利用浙江省 1949—1990 年的粮食产量和相应的气象资料,分析了影响该省粮食生产的气象灾害的特征。结果表明:气象灾年持续期的年际交化具有准周期性,气象灾年在时间分布上具有连续性,粮食歉收年的气象灾害有"显灾"和"隐灾"之分,且不同时段各有主次,歉收或严重歉收年的气象灾害是多粮季和多种类的。水、旱灾是影响浙江粮食生产的主要气象灾害,且近年有加剧的趋势。因此,增加农业投入,加强农田水利建设,提高抗御水、旱灾害的能力实为振兴当前浙江粮食生产的当务之急。因地制宜,积极发展三熟制。由于歉收年份的气象灾害是多粮季的,并且一年中 3 个粮季同时遭灾而歉收的概率(4.8%)远比两个粮季的为小(19%),而后者也比一个粮季的为小(26%),所以积极发展三熟制,既可充分利用气候资源又可通过粮季间产量的补偿来减小年度间产量波动的幅度。适当扩大旱杂粮种植面积,提高粮食生产的稳定性。浙江水稻生产面临倒春寒、夏寒、台风、暴雨、高温干旱和秋季低温等的危害,其中任一种灾害都会影响水稻的产量。而旱杂粮抗旱性强,又几乎不受倒春寒、夏寒和秋季低温的危害,故一般来说受灾的概率相对较小。因而,至少在气象灾年持续期里,适当扩大旱杂粮种植面积,有助于浙江粮食的稳产。某种意义上讲,抗御隐灾要比抗御显灾困难得多。从长远来看,加强对隐灾的理论和应用研究实为重要。当前应通过作物布局和改良栽培措施等,以减轻这方面的危害。

陈海燕等(2005)根据浙江泥石流的个例资料及气象资料,分析了浙江泥石流发生的气象特征。重点分析了触发泥石流的降水及天气形势特征,包括灾害发生前 10 d 及当天的降水特征,强降水与泥石流发生时间、发生规模的关系,泥石流发生的不同环流背景和影响系统等问题。主要有以下几点结论:

(1)浙江泥石流、暴雨的地域分布具有相似性,泥石流主要出现在浙西南的丽水、金华、衢州以及温州和杭州的山地、丘陵地带。

（2）浙江泥石流的月际变化与暴雨一样呈明显的"双峰型"，6、9月发生最频繁。

（3）触发泥石流的降水特征主要有两种，一是连续降水，二是强降水。强降水诱发的泥石流具有"群发性""滞后性"，最大雨强一般在 25～50 mm/h，最大 3 h 降水量一般超过 50 mm。

（4）由持续性大范围降水造成的泥石流灾害多发生在贝加尔湖低压、河套华西低槽这种环流形势下，地面以倒槽或台风影响系统为主。由短时强降水诱发的泥石流灾害，主要发生在大陆高压前、平直流或东北低槽后部的西北气流中的区域，其影响天气系统是锋面或海上副热带高压后部。

三、气候变化对上海市社会经济的影响评估

1. 气候变化的事实

江志红和丁裕国（1999）就近 113 a（1880—1992 年）上海逐月平均最低、最高和平均气温 3 个序列进行了深入细致的诊断分析。结果发现：最低气温和平均气温近百年虽都呈显著上升趋势，但前者比后者更为持续稳定，其增温率高于后者。这一特点表明，最低气温对于监测温度效应加剧可能更为敏感；最高气温自 20 世纪 40 年代中后期却出现了明显的趋势转折。近百年上海气候变暖主要表现为三次突然增暖，其中 20 世纪最初10 年的增暖仅限于白天，30 年代则以白天增暖较多，80 年代以来则主要发生于夜间。

李胜源（2007）研究了上海地区农业气象与变迁状况。认为上海地区光能总辐射、直接辐射、日照时数、日照百分率、光合有效辐射、平均日照百分率较前 30 年减少，散射辐射与光热生产潜力增大。平均气温、极端最高最低气温、平均最高最低气温、5 cm 深度的地温、≥3 ℃和≥10 ℃有效积温均升高；年降雨量增大；郊区蒸发量呈逐渐上升趋势，大气相对湿度下降。上海城市热岛现象明显。气候条件对上海地区水稻、油菜和蔬菜的产量有较大影响。

周伟东等（2010）应用滑动 t 检验、Yamamoto's 检验、功率谱等数理统计方法分析了上海 1873—2006 年气温、降水、辐射、日照等资料。结果表明：上海地区年平均气温有明显升高趋势，平均每 10 a 升高 0.14 ℃，冬季和秋季的升温最为显著，平均每 10 a 升高0.16 ℃；日平均气温 5 d 滑动平均稳定通过 0 ℃、10 ℃活动积温呈明显的上升趋势，平均每 10 a 分别增加 52.6 ℃·d 和 49.6 ℃·d；无霜冻期每 10 a 增长 8.7 d。年降水量略有增大，其中春季降水增多显著，平均每 10 a 增加 31.8 mm，秋季则略有下降。通过正态检验及概率估算，上海出现春涝的概率为 20.43%，出现秋旱的概率为 50.72%；年内降水分布不均，降水集中，暴雨日数增多。上海地区总辐射、水平面直接辐射呈显著的下降趋势，平均每 10 a 分别减少 102.1 MJ/m² 和 156.2 MJ/m²，散射辐射有明显的增大趋势，平均每 10 a 增大 47.6 MJ/m²，日照时数略有减少。

2. 气候影响社会经济发展的研究成果综述

纽福民和张超（1979）研究了上海市的梅雨气候。主要得到了以下几点结论：

(1)春夏过渡季节,西风带环流的演变和副热带高压的强弱,决定了梅雨锋系活动情况。

(2)梅雨期雨量的大小,与雨期长短有关系,但不是决定因素。梅雨期少雨的年份,一般雨期都较短,没有明显低涡活动,雨量一般不足 50 mm,个别年份也只有 100 mm 左右。值得指出的是,梅雨期雨量少的年份副热带高压比较强,中纬度地区环流相对比较平直,当副热带高压的脊线一跃至 20°N 以北后,由于受到青藏暖脊东移合并,很快跃至 25°N 以北,使江淮雨季很快结束。

周淑贞(1990)通过对上海市气象台近数十年气候资料前后时期的历史分析,并与同时期郊县气候记录对比,滤去区域气候因素的影响,结合上海城市发展的特征,发现由于城市人口密度、建筑物密度和能源消耗量等的快速增长,导致上海城市气候发生一定程度的变化。其最突出的表现是:城市热岛效应效明显,城乡气温差别逐渐增大;域区风速和湿度渐次减小;雾日数和晴天日数减少,低云量和阴天日数增多;太阳直接辐射和总辐射减少,散射辐射和混浊因子加大。观测实践证明:上海"城市发展"这个人为因素对当地气候确实具有明显的影响。

杨星卫和薛正平(1992)以按市场需求安排生产为基础,首次提出按气候变化调整蔬菜生产计划,建立了以市场供需差额最小、国家对蔬菜经营的财政亏损最小、土地占用面积较少为目标的多目标规划模型。模型考虑了气候作为随机因素对各品种蔬菜上市状况的定量影响,分析表明,通过优化规划可使春、秋、冬三个季节的市场供需差额分别缩小 25%、23%、10%,缩小计划品种的占地面积分别为 3.04、1.92、0.77 万亩,减少国家亏损 324 万元。

贺芳芳和汪治澜(1999)根据 1981—1997 年气象资料及产量资料,应用产量与天气条件对比法及因子膨化法,找出影响产量高低的主要气候因子,得出气候产量与主要气候因子的回归关系式,并结合丰歉年资料对比分析出三种作物全生育期内各个关键期的农业气候条件。主要得到了以下几点结论:

(1)20 世纪 80 年代以前,上海地区以种植双季稻为主,80 年代后则以种植单季稻为主,不同熟制的品种的生育期所处的季节不同,熟制的改变,影响产量的农业气候条件也会有很大的变化。

(2)根据 1 月上旬—2 月上旬日平均气温≥6 ℃的日数与小麦、油菜、气候产量的统计分析结果,说明两者呈负相关,其误差有 5% 的可能性。按理气候变暖,有利冬前作物群体的发展,并促使营养生长转入生殖生长时期的提前,据调查某些地方在田间管理上忽略了气候变暖的影响,营养生长转入生殖生长时期提前,群体抗逆性能下降,很易受后期低温的伤害,影响产量。

赵岩(2000)基于 1995 和 1996 年的夏季气温与相应的电力负荷等数据,对上海地区"气候—电力负荷敏感性分析"项目中涉及的若干要点进行了跟踪验证,认为 08 时干球温度与日电力负荷存在强相关。

高惠云等(2001)对近 10 a(1987—1996 年)盛夏(7—8 月)上海市用水量和气候状况的分析对比基础上,从气候原因入手,分析讨论各气象要素的影响程度,并以主要因子的常年均值为基准,分离出用水量对其的敏感部分,即找出纯因气象因素引起的用水增减量。运用中长期天气预报中的主要要素预报值,建立起上海盛夏城市生活用水的定量预报模式。

顾品强等(2003)根据1982—1992年和2001—2002年上海奉贤地区每年3—6月灯诱捕蚊的现场调查数据,采取相关对比分析、统计分析、天气图分析法,探讨三带喙库蚊春季首次出现、季节分布及其与气象条件的关系。结果表明,三带喙库蚊季节分布按蚊虫密度变化划分为首次出现期、季节增多期和混合发生期3个时期。三带喙库蚊春季首次出现的温度条件是:首现日当天和前1天的日平均气温均≥11.0 ℃,其2 d的日平均气温累加值≥25.5 ℃,或首现日当天、前2 d和后1 d任意连续3 d的日平均气温均≥11.0 ℃,其3 d的日平均气温累加值≥34.0 ℃,结果三带喙库蚊春季首现日和首现日温度日期的差异在1～2 d(91.7%)。至候平均气温≥18 ℃(平均始日为5月3日)进入三带喙库蚊混合发生期。总体上三带喙库蚊蚊虫密度季节分布与平均气温、"南"系风向变化存在密切关系。首次出现期至季节增多期三带喙库蚊突增日与锋面天气活动存在着较大的关联,候平均气温≥18 ℃是三带喙库蚊大量发生和进入峰期重要的温度指标。上述结果提示上海地区三带喙库蚊春季和初夏随气流北迁降落的可能性相当大。

刘英楠在《科学时报》(2003年4月15日)发表文章,就人为活动影响长江三角洲气象的状况进行了论述。中国气象科学研究院研究员李维亮、北京大学秦瑜教授等,发展建立了一个多重嵌套的高分辨率区域气候—空气质量—地表系统耦合动力学模式,研究长江三角洲地区人类活动对局地天气的影响,较好地模拟出该地区海陆风、湖陆风、城市热岛等中小尺度天气现象,并阐明其地面风切变线形成的特征和机理。研究结果表明,由于长江三角洲特殊的水陆分布,在没有城市的自然条件下,盛行海陆风和湖陆风,并形成两条地面切变线,一条是经上海沿长江的切变线,另一条是位于太湖东面的辐合切变线,两线同时配合有各自的水气辐合带。随城市发展而来的"城市热岛"效应加强后,热岛环流与海陆风、湖陆风相互作用,改变了低层风场的特征,并成为地面切变线形成、维持的主要因素。

比较明显的是上海市白天的情况。在低层大气中,海陆风和城市热岛现象所产生的气旋性辐合气流有明显的相互作用:长江三角洲北岸,海陆风风向和上海市低层辐合方向一致,风速增大;长江三角洲南岸,两者方向相反,从而削弱了该地的风场强度。而在上海市内陆一侧,无城市时可深入到内陆的海风已经消失,转变为向城市中心辐合的地面风,从而在当地形成较强的低层辐合中心。另外,处于太湖两翼的上海—南京城市带和上海—杭州城市带,也因此改变了地面风切变线的形状,形成一条环太湖的较强切变线,表现出更强的水汽辐合,与实测所见的天气形势吻合良好。这都表明,城市的迅速发展必然改变局地环流状况,给当地中小尺度天气系统的形成、演化带来一定影响,甚至改变局地降水的时空分布。

张国宏等(2006)研究了上海吴淞工业区降尘与气象因子的关系。主要得到了以下几点结论:

(1)对上海吴淞降尘时间变化特征的研究认为,由于气象因素和环境治理,降尘的年际变化呈下降趋势,其中冬、春季降尘量的年际变化下降趋势比较明显;降尘的月际变化呈双峰双谷型分布,春季的 4 月和夏季的 7 月为降尘量高峰月份,降雨日数最多的 6 月和秋季少风的 10 月为两低谷月份;降尘量时间序列表现出一定的阶段性和不连续性特征;降尘量的时间变化中隐含有不同时间尺度的周期变化。

(2)通过对降尘量和气象因子关系的研究,获得的结论是:影响上海市降尘量的主要气象因子是风向、风速和降水;但就不同的时间尺度或不同的季节,其影响因子可能是不同的。

(3)根据分析和研究,建立了降尘量和气象因子的回归预测模型,经验证,对降尘量有较好的预测性。

(4)利用聚类分析将上海的气候分为了 5 个类型,并对各类的降尘情况进行了讨论,A 类天气最有利于降尘。其主要特征是:偏南风频率、3 m/s 以上风速频率、蒸发量和气温位居其他各类之首,降水量正常,雨日数、湿度中等,气压很低。

(5)对风向和降尘关系的时间变化研究发现,同降尘量相关性最大的风向是在变化的,偏南风频率和降尘量的正相关关系最为显著;风向和降尘量的相关型具有阶段性持续的特征;降尘量和风向的正相关方位随着时间的变化出现一定程度的向东偏移;风向和降尘量的相关有减弱的趋势。

周秀骥在《中国气象报》(2006 年 5 月 25 日第 3 版)上发表文章,主要提出了以下几个研究成果:

(1)城市群及地表结构的区域天气气候效应。1980—2000 年土地利用与土地覆盖变化分析表明:长江三角洲大城市周边地区土地利用正在发生快速变化,其显著特点是耕地减少和城市扩展。通过对 1961 年以来的气候资料分析表明:由于长江三角洲人类活动加剧和温室效应大于气溶胶的致冷效应,造成气候总体上变暖,长江三角洲地区已形成一个相对于周围地区的区域性大"热岛"。该地区平均、最高和最低气温的增高使这里形成"热岛";降水、云量和湿度的增大使这里形成"雨岛""云岛"和"湿岛";日照时数和能见度减小使这里形成"荫岛"和"浊岛","热岛"强度随经济发展的加快或减缓而加强或变弱。为科学预测长江三角洲地区未来气候环境的发展趋势,研究人员建立了与国际先进水平相接轨的长江三角洲地区三重嵌套细网格区域气候—空气质量—地表系统耦合的动力学模式,并利用耦合动力模式模拟了该地区的土地利用及地表非均匀分布对长江三角洲地区局地环流、局地天气和气候的可能影响。结果表明,如果长江三角洲地区下垫面变为裸地,其区域气候的变化将十分明显,地面气温、降水都将发生明显变化,变化最显著的是在冬季加强了北风分量(加强了冬季风),夏季加强了南风分量(加强了夏季风),也就是说,冬季会更冷、更干;而夏季则会更热、更湿,城市气候环境将更加恶劣。

(2)近地面臭氧变化及其生态效应。研究人员在不同季节对长江三角洲地区空气质量进行了全面系统的现场观测,表明目前长江三角洲地区大气臭氧污染已达到较为严重的程度,白天平均 O_3 浓度在 $(34.7\sim47.7)\times10^{-6}$ V/V,超过了国际公认的 30×10^{-6} V/V 的下限指标。进一步研究发现春末夏初和秋季两个臭氧季节变化的高峰值。

研究人员在国内首次应用 OTC-1 型开顶式气室研究了大气臭氧对冬小麦、水稻等作物生长、产量、籽粒品质的影响,据臭氧实地监测数据和田间试验得出的剂量反映关系估算:受臭氧污染,1999 年长江三角洲地区水稻减产 59.86 万 t,冬小麦减产 66.93 万 t,两者造成的经济损失高达 15 亿元。

(3)农业生产与环境变化的关系。通过中美合作建立了一个平衡的农田生态系统综合数值模式,对农田土壤温室气体排放与作物光合吸收 CO_2 两个相反过程进行了综合分析,研究结果与传统观点相反,并非施肥量越低对于温室效应越有利,而是存在一个最佳施肥量,在此施肥量时,作物光合吸收的 CO_2 的全球增温潜势大于农田土壤排放的 CH_4、N_2O 等温室气体的增温潜势,此时稻田生态系统可以最大限度地减少温室气体排放综合增温潜势,而在此施肥量下长江三角洲地区水稻可获得 $350\sim500$ kg 的亩产值,这意味着未来通过研制的施肥清单。农田生态系统高产低排将变为可能。

王瑾在《中国气象报》(2007 年 6 月 16 日第 2 版)上发表文章,上海市气象局联合上海市建设工程检测行业协会,首次利用合作开发的上海市建筑工程气象服务系统,为试点工地服务。试点建筑工地的负责人说,有了科学、精准的气象数据支持,施工单位简化了工作程序,节约了人力物力,比以往大大提升了工作效率。

建筑工程中,结构混凝土强度的数据是通过测试混凝土同条件养护试件强度得到的。混凝土同条件养护试件强度与等效养护龄期内逐日平均气温的活动积温有着密切的关系。

上海市气象局科技服务中心调查发现,目前上海地区的施工单位在对混凝土试件进行同条件养护时获取气温资料手段并不规范:有的以电视、广播等媒体播报的最高、最低气温简单换算得到,有的甚至主观估计养护温度资料等。这些不规范的温度获取方式对统计数据结果都会带来较大的误差,直接影响建筑施工质量。

为此,上海市气象局与上海市建设工程检测行业协会联合开发了建筑工程气象服务系统。该系统通过手机短信,准确告知工地管理人员同条件养护的混凝土试块温度资料信息;通过网站提供所属试块龄期统计详细信息情况,包括龄期中详细逐日平均温度资料;开设了混凝土强度评定统计功能,只要在系统中登记好样品信息,便可利用此功能对混凝土强度等级进行自动评定;针对没有条件上网的建筑工地,每月寄发一份当月的温度记录表。另外,为了保证建筑工地施工安全,上海市气象局还通过该系统提供重要天气信息、灾害性天气预警信息、0~3 h 上海市临近预报、今明天气预报和 7 d 滚动预报等信息。

上海建筑行业管理部门表示,该系统规范了混凝土同条件养护龄期过程中试块积温的计算方法,改变了施工单位传统的计算做法,使得统计出来的累计积温结果更为精确、科学。

上海市气象局希望通过该系统,为上海市建筑工地提供更加精细化、专业化、标准化的气象服务,推进气象服务向专业化、精细化领域的延伸;为上海市建筑工程施工进度安排,安全生产提供一些决策依据。

谈建国等(2007)为了揭示城市近地面臭氧浓度的变化特征及其相关气象因素,尝试进行近地面臭氧浓度预报。通过对2005年夏季(6月—9月上旬)上海徐家汇地区近地面臭氧的观测与分析,建立了用于夏季臭氧浓度预报和高浓度臭氧污染事件预警的一种简便、实用的统计回归方法。结果表明:天气条件对臭氧形成具有明显的作用,臭氧浓度晴天最高、多云天次之、阴雨天最低;臭氧具有明显的日变化特征,12—14时为最高,凌晨03—05时有一很小的次高峰,05—06时为最低。产生高浓度臭氧污染是多项因子的综合结果,一般在高压系统的影响下,晴天少云,紫外辐射较强,相对湿度较低,气温较高,地面和高空吹偏北风,且风速较小的情形时容易产生高浓度臭氧污染。引进高浓度臭氧潜势指数和风向影响指数两个指标,并综合考虑多种气象要素,通过逐步回归建立的臭氧浓度预报方程,对逐日最大臭氧浓度具有较好的拟合效果和可预报性。

陶涛等(2008)分析了气候变化下21世纪上海长江口地区降水变化趋势。主要得到了以下几点结论:

(1)对考虑气溶胶和不考虑气溶胶影响的结果,同时都显示该区域总的降水量呈现上升趋势,其降水量增加分别为10.2%和11%。而考虑气溶胶影响时,降水量明显提高,而其变化幅度也较合理。

(2)对该区域汛期和枯水期降水量变化趋势研究的结果表明:气溶胶影响考虑与否对于汛期与枯水期降水量的变化影响较大。在汛期,降水量呈现上升趋势,上升幅度分别为0.9%和2.2%,而21世纪中期,增加幅度为3.9%和0.68%;在枯水期,不考虑气溶胶影响时,降水量为上升趋势,上升幅度为2.9%,而考虑气溶胶影响时,降水量为下降趋势,下降幅度为3.2%。

(3)对降水强度最大值、最小值的分析结果表明:降水强度年月均最大值也显示上升趋势,其回归系数达到0.017 mm/(d·a),年均最小值明显呈下降趋势,其回归系数为−0.0012 mm/(d·a),可见未来该区域在降水量总体增长的基础上,其极值出现的概率也将会越来越大。

3. 气象灾害影响社会经济发展的研究成果综述

鲍宝堂等(2006)简述了上海气象灾害史。上海气象灾害有着悠久历史,吴中及上海地区在三国(吴)太元元年(公元251年)就有记载,以后持续不断至今已有1700多年历史。自唐迄宋,因农事活动需要,已很重视灾害性天气的观测和预报及应用于抗旱防涝、兴修水利。明代末期,籍隶上海的阁臣徐光启撰写的《农政全书》,广收江南天气、气候等方面农谚和防灾、减灾措施,对气象灾害的认识和减轻气象灾害有新的建树。同治十一年(公元1872年)徐家汇观象台正式开始气象观测记载和制作天气预报,至今已有130多年连续不断的资料。为上海气象灾害的认识了解、预报服务、防灾减灾奠定了坚实的基础。

上海气象灾害主要有台风、暴雨、洪涝、大风、雷击、龙卷风、冰雹、浓雾、寒潮、大雪、干旱、高温等,均对人民生命财产和经济建设有着严重影响。据1873—2000年上海气象灾害年表统计,上海气象灾害几乎每年都有发生,年概率高达0.98。其中台风、暴雨灾害的年概率分别达0.57和0.61,大风灾害0.65,冰雹灾害0.45,龙卷风灾害0.41,雷击灾害0.50,洪涝灾害0.27,干旱灾害0.28,浓雾灾害0.31,寒潮大雪灾害0.30,高温灾害

0.08。从 1949 年起,上海市遭受 10 亿元以上经济损失的风灾(台风、龙卷风等)就有 15 次之多。

　　上海市于 1950 年成立市防汛指挥部,各区县和有关局均成立相应的组织,专门负责汛期的台风、暴雨、大风、龙卷、雷击等灾害性天气的防灾、减灾工作,有力地保证上海市汛期的安全。每次重大气象灾害来临前或造成灾害后,各级党政领导都亲临防灾抗险第一线,认真听取气象预报意见,采取灾前防、灾中抗和灾后救的各种防灾措施,大大减轻了气象灾害的损失。上海气象事业在中国气象局和上海市人民政府的领导下,已建成完善的气象台站网和自动气象站网;拥有先进的多普勒气象雷达、风廓线仪、闪电定位仪和大型计算机等高科技设备;设立台风研究所,专门进行台风的科学研究;制定灾害性天气预警发布办法,加强灾害性天气预报服务;开展人工影响局部天气的试验研究,使气象灾害的监测、预警水平不断得到提高,为气象灾害的防御工作创造了很好条件。

第三节　社会经济应对气候变化的适应性对策

一、适应对策

　　为了减缓和适应气候变化,保护环境,保证经济持续发展,在长江三角洲需要相应地采取一些适应对策。

　　(1)减少 CO_2 等温室气体的排放。对长江三角洲地区需要采取提高能源效率的新技术、新措施,是否能不影响经济的正常发展,这需要进行成本核算。这方面还有很多工作要做。

　　(2)增加海堤高度、提高海堤标准。分期进行,经济上是有能力的,效益是明显的。

　　(3)逐年增加水利工程的投入,加强排灌能力的建设,以保证各方面对水资源的需要。必须加快污水治理,保证水资源的质量。

　　(4)严格控制人口的增长,严格控制占用耕地,减少对环境的压力,保证足够的发展空间。

二、气候变化影响评估的不确定性

气候变化预测的不确定性

　　IPCC 在 1992 年的科学评估中明确指出这一点,在 1995 年的评估中又再一次确认。自 1990 年政府间气候变化专门委员会成立以来,更多地认识到许多不确定性。它影响到预测气候变化的时间、幅度、区域分布。这些方面仍然认识不足。包括:

　　(1)温室气体和气溶胶的源和汇,它们在大气中的浓度(包括其对全球变暖的间接效应);

　　(2)云(尤其是它对温室气体造成的全球变暖的反馈效应,还有气溶胶对云的效应以及它们的辐射特性),大气水的收支中的其他因子,包括控制高空水汽的过程;

（3）海洋，由于它的热惯性，环流的可能改变而影响到气候变化的时间和类型；

（4）极地冰盖（它对气候变化的影响，也影响到预测海平面的上升）；

（5）陆面过程和反馈，包括与区域及全球性气候耦合的水文和生态过程。

由于目前有许多的不确定性和许多因素限制了我们预测和检测气候变化的能力。未来难以预见的大而迅速的气候系统变化（如过去已发生的那样），从其本质来讲是难以预测的。这意味着未来的气候变化可能"出人意料"，特别是它们会因气候系统的非线性性质而引起。当迅速受强迫时，非线性系统特别容易产生无法预测的行为。

气候变化影响评估的不确定性

首先是气候变化科学评估的不确定性，尤其是对区域尺度气候变化预测的不确定性导致气候变化影响评估的不确定；其次是社会经济、环境生态对气候变化的敏感性并不清楚，对关键过程的了解是很有限的，各个社会经济、环境生态系统受气候和非气候因子的影响，且相互作用并不总是线性可加的。因此，气候变化影响的净损失包括到目前可以定量的市场和非市场影响以及某些情况下适应气候变化的成本。其中非市场影响，如对人类健康、人类死亡的危险及对生态系统的破坏都成为目前评估气候变化社会成本的重要组成部分。而非市场损失的评估是高度推测，且非综合性的（IPCC，1995）。

社会经济发展预测的不确定性

由于人类社会自身的多元性、复杂性，人类组合的多样性，不同的地理区域、不同的生态环境、不同的气候条件、不同的历史进程、不同发展现状。因此，社会经济的未来发展的预测也是不确定的。

尽管存在上述诸多的不确定性，但并不意味着我们对气候变化的影响无所适从，目前的气候变化影响研究，对保护环境，保证社会经济持续发展和人类健康有着重要的参考价值，是各级政府、各地区进行未来规划的科学依据。对于气候变化的适应对策，从现在做起，逐步进行，就可以在气候变化时，减少损失，这方面经济效益是长期的，仍有许多工作需要进行探讨和研究。

小结

研究结果表明，气候变化对长江三角洲地区环境、经济的影响是明显的。用综合评价系统进行多部门、多目标的分析方法可以较全面地分析气候变化对环境、经济、社会发展的综合影响。同时也应认识到气候变化影响的研究中存在着较大的不确定性。

参考文献

鲍宝堂,朱琛,王全发,等,2006.上海气象灾害史记简述[C]//中国气象学会 2006 年年会"气象史志研究进展"分会场论文集:69-73.

陈海燕,潘小凡,吴利红,等,2005.浙江泥石流气象特征分析[J].灾害学,**20**(1):61-64.

陈丽珍,吴尧祥,顾骏强,1990.浙江近40年气候变化研究初步[J].浙江气象科技,**11**(1):1-4.

陈维新,潘永圣,黄毓华,等,1999.90年代暖冬等气象条件对江苏小麦生产影响的初步研究[J].江苏农业科学,(6):9-13.

陈秀宝,温树伟,张淑云,1991.浙江主要气象灾害概述.东海海洋,**9**(1):65-71.

程宏林,王才宝,1996.江苏内河航运交通事故气象条件分析[J].气象,**22**(12):51-53.

邓素清,汤燕冰,2005.浙江海区赤潮发生前期气象因子的统计分析[J].科技通报,**21**(4):386-391.

董占强,肖秀珠,2002.两系法杂交稻65396关键期的气象指标及其在江苏的气候适应性[J].中国农业气象,**23**(3):5-11.

樊高峰,毛裕定,2005.气温异常起伏,降雪引起灾害—2005年春季(3～5月)浙江天气与气候[J].浙江气象,**26**(3):48-49.

方龙龙,刘际松,1988.浙江普陀朱家尖海岛旅游气候资源的分析和评价[J].浙江气象科技,**9**(2):38-42.

高惠云,姚志展,蔡进,等,2001.盛夏气候对上海城市生活用水影响的分析及用水量估算模型的建立[J].城市气象服务科学讨论会学术论文集,270-271.

高苹,黄毓华,武金岗,1999.1997/1998厄尔尼诺与江苏气象灾害及对农业影响的分析[J].灾害学,**14**(4):54-58.

顾品强,闵继光,顾正权,等,2003.上海地区三带喙库蚊春季首次出现、季节分布及其与气象条件的关系[J].昆虫学报,**46**(3):325-332.

郭力民,1996.浙江海岛气候资源的开发利用与气候环境的保护[J].科技通报,**12**(2):71-75.

郭文扬,汪铎,1987.浙江中部丘陵地区油茶产量气候分析[J].农业气象,(2):31-34.

贺芳芳,汪治澜,1999.上海地区粮油作物生育期的农业气候条件分析[J].上海农业学报,**15**(1):16-21.

胡萌夫,章锦发,1990.上海经济区江苏片合理利用气候资源的途径[J].自然资源,**3**:34-38.

黄银琪,姜文盛,吕继红,2002.江苏中部地区两系杂交稻制种气象条件分析[J].中国农业气象,**23**(3):15-17.

黄毓华,章锦发,张开林,等,1995.优质烟区气候特征及江苏烟草气候分析[J].江苏农业科学,(1):28-31.

简根梅,潘小凡,宋健,等,1994.浙江旅游气候分析及服务系统[J].浙江气象科技,**15**(2):15-19.

江志红,丁裕国,1999.近百年上海气候变暖过程的再认识—平均温度与最低、最高温度的对比[J].应用气象学报,**10**(2):151-159.

孔邦杰,黄敬峰,朱寿燕,2005.浙江仙居县漂流旅游的气候影响因素探讨[J].气象科学,**25**(4):369-375.

李胜源,2007.上海地区农业气象与变迁状况综述[J].上海农业学报,**23**(4):95-99.

娄伟平,陈华江,杨祥珠,2006.油桃在浙江中部的气候生态适应性研究[J].浙江气象,**27**(3):17-20.

马骅,张菊芳,1993.江苏雨涝气候分析[J].气象科学,**13**(2):211-218.

马志福,谭芳,韫娟,2003.气候变化对浙江慈溪市旅游投资影响预测[J].科学中国人,(11):54-56.

钮福民,张超,1979.上海的梅雨气候[J].自然杂志,(6):388-392.

沈树勤,严明良,2003.江苏环境气象指数开发技术初探[J].气象,**29**(2):17-20.

谈建国,陆国良,狄福海,等,2007.上海夏季近地面臭氧浓度及其相关气象因子的分析和预报[J].热带气象学报,**23**(5):515-520.

陶涛,信昆仑,刘遂庆,2008.气候变化下 21 世纪上海长江口地区降水变化趋势分析[J].长江流域资源
　　与环境,**17**(2):223-226.

王明洁,邱伟芬,周建新,等,2005.江苏储粮气候区划的研究[J].江苏农业科学.(1):7-10.

王亦平,蒋名淑,商兆堂,等,1999.江苏沿海对虾浮头泛塘的气象预报及其防预对策系统[J].中国水
　　产,(10):36-37.

解令运,汤剑平,路屹雄,等,2008.城市化对江苏气候变化影响的数值模拟个例分析[J].气象科学,**28**
　　(1):74-80.

徐为根,高苹,张旭晖,等,2002.农业气象灾害对江苏淮北地区冬产量的影响分析[J].灾害学,**17**(1):
　　41-45.

严明良,卞光辉,沈树勤,2006.江苏沿海气象灾害预报及产业警示技术[J].气象科技,**34**(6):735-740.

杨立中,陈恒,崔蔚,等,2005.气象因素对江苏区域城市火灾发生的影响[J].中国安全科学学报,**15**
　　(4):3-5.

杨星卫,薛正平,1992.气候与上海蔬菜均衡供应的优化规划[J].应用气象学报,**3**(1):76-83.

俞存根,1987.浙江近海冬汛带鱼渔获量与太阳黑子、气象要素的关系初析[J].海洋通报,**6**(3):48-52.

俞剑蔚,王元,沈树勤,等,2008.江苏地区沙尘天气时空特征及气候变化分析[J].气象科学,**28**(1):
　　45-49.

袁昌洪,汤剑平,2007.全球变暖背景下江苏气候局地响应的基本特征[J].南京大学学报:自然科学版,
　　43(6):655-669.

张国宏,谈建国,郑有飞,等,2006.上海市月降尘量与气象因子间关系研究[J].气象科学,**26**(3):
　　328-333.

张君圻,1999.浙江脐橙生产区气候生态分析应用及区划探讨[J].浙江亚热带作物通讯,**21**(2):6-9.

张君圻,林绍生,1996.应用气候生态聚类指导脐橙引种[J].浙江林学院学报,**13**(1):41-47.

张旭晖,高苹,霍金兰,2004.2002 年江苏主要农业气象灾害及其影响[J].气象科技,**32**(2):105-109.

赵岩,2000.上海地区"气候—电力负荷敏感性分析"夏季跟踪验证报告[J].华东电力,(9):9-11.

郑平胜,沈乃珍,俞存根,1986.用气象要素预报浙江冬季带鱼汛汛期进展的尝试[J].海洋预报,**3**(4):
　　11-16.

周淑贞,1990.上海近数十年城市发展对气候的影响[J].华东师范大学学报,(4):64-73.

周锁铨,边巴次仁,等,1999.江苏沿海滩涂开发利用对气候可能影响的数值研究[J].气象科学,**19**(4):
　　323-334.

周锁铨,田广生,缪启龙,等,1999.气候变化对长江三角洲未来环境经济影响的研究[J].南京气象学院
　　学报,**22**(S1):500-505.

周伟东,朱洁华,梁瓶,2010.近 134 年上海冬季气温变化特征及其可能成因[J].热带气象学报,26(2):
　　211-217.

周子康,1986.浙江丘陵山地茶树生态气候的垂直层和茶叶生产[J].生态学,**5**(4):16-19.

周子康,1992.影响浙江粮食生产的气象灾害的若干特征[J].科技通报,**8**(6):340-341.

气候变化对长江三角洲人体健康的影响

许遐祯　吕军　项瑛　蒋薇（江苏省气候中心）

引言

　　气候变化是一个典型的全球尺度的环境问题，是 21 世纪人类所面临的最主要的环境问题之一。全球变暖不仅对长江三角洲的环境、水资源、区域海平面、农业、自然植被等产生影响，而且对人体健康也产生较大的影响。最直接的影响因子是高温热浪，全球变暖导致热浪出现的频数和热浪强度增大。全球变暖为许多病菌的繁殖、传播提供了更好的温床，会使这些病由热带、亚热带向北扩散，受这些疾病威胁的人口将增多，且流行时间延长，与此同时，气温升高导致"城市热岛"效应加剧，空气污染更为显著。

第一节　气候变化对疾病的影响

一、气象条件与疾病的关系

　　气象条件与人体健康特别是各类疾病的关系比较复杂，已有许多学者进行了相关研究。如气温的高低变化会引起许多疾病的发生，特别是对气管炎、高血压、冠心病、脑血管等慢性疾病影响较大。

　　慢性支气管炎是严重威胁人类健康的疾病，存在明显的地区和季节差异。许多研究表明，气象因素的刺激是慢性支气管炎发病的诱因。慢性支气管炎的发病与降温和气压的变化密切相关。4 月和 12 月是一年中的两个发病高峰。李永红（2005）研究表明，南京市这两个月是季节交替的时段，天气多变。12 月是由初冬向深冬过渡的时期，冷空气活动频繁,气压不稳。冷空气活动过后,大幅度降温,使人的体温调节功能不能很好适应,极易受凉感冒,进而诱发气管炎、支气管炎、支气管哮喘、甚至诱发肺炎等,老年人更是如此。此外,冷空气过后,受冷高压控制,多大风天气,气温低,空气干燥。从致病机理上讲,干燥使鼻黏膜容易发生细小的皱纹,气温变化大可使呼吸道局部小血管痉挛、缺血、血循环障碍,使呼吸道防御功能降低,同时使黏膜上皮的纤毛变短、粘连、倒伏、脱落,纤毛运送发生障碍,净化作用降低,从而有利于病原体的入侵和繁殖,慢性气流阻塞的发展更为迅速。气温下降时鼻腔局部温度降低到 32 ℃左右,这个温度适于病毒繁殖生长,受寒后鼻腔内局部分泌的免疫球蛋白明显减少,即呼吸道的抵抗力降低,为病毒入侵提供了有利条件,为支气管炎的发病提供了便利。

4月也是一个发病高峰月,可能与春季过敏症的高发有关。南京的4月,天气渐暖,春暖花开,柳絮飘飞,有很多花草过敏的患者,其症状主要表现为鼻、眼、支气管炎,常常诱发支气管炎发作。在夏季和温度最低的1月发病均较低,可能与此时的天气条件较稳定有关。尤其1月,天气虽然最冷,但天气条件变化不大,人们对平稳的天气条件,无论生理上还是心理上较易适应,人们的保暖意识也较强,因此,此时发病人数反而较低。由此可见,天气多变,尤其是冷高压控制下的天气,慢性支气管炎发病机会较大,天气稳定则发病机会小。

气象因素是作为外因通过影响肌体功能而使人发病的,不同的个体及疾病的不同阶段都会有不同的反应。所以不能单纯用气象因素预报慢性支气管炎的发生,须在气象因素的前提下结合个体生理病理参数,加强健康教育,改善环境,注意保暖,避免受凉,预防感冒,避免或减少被动吸烟将更好地预防慢性支气管炎的发生。

全球气候变化越来越明显,其中极端高温产生的热效应对人类的直接影响已变得更加频繁、更加普遍。由于热浪的次数和严重程度增大,儿童、老年人、体弱者以及高血压、冠心病、脑血管疾病等慢性疾病患者难以适应,炎热的应激反应使体温调节系统处于"超负荷"状态,感受热压迫影响健康。对病人,会使原已受损的系统、组织、器官负荷增大,功能不济,往往病情加重甚至死亡。人的正常体温是通过肌体调节产热和散热的动态平衡而实现的。老年人的温度调节能力和温度敏感性均较差,这就使老年人维持正常体温的能力降低,导致暴露于高温或低温中的危险增大。而且不少老年人患有心脑血管病或循环系统有障碍,夏天的热浪使他们的体温调节系统处于"超负荷"状态,感受"热压迫",增加死亡的危险。当然,每一个人的死亡都有一定的生理原因,单纯受热致死的是少数。但炎热天气往往导致超额死亡,表明炎热使原已受损的系统的负荷增大,是促成死亡的一种外因。寒冷和其他气象要素对人体也有影响。例如,冠心病、心肌梗死和风湿性心脏病人对热浪和寒潮都很敏感,这是因为心脏组织已有损伤,恶劣环境使疾病加重。器官未受损伤的病如贫血性心脏病对天气就不敏感。

二、气象因素对居民死亡的影响

气象条件与人类的健康息息相关,全球变暖可带来依不同气候带和季节而异的天气现象,从而分析天气现象和健康的关联性乃是非常重要的课题。那么究竟天气和气候中的哪些指标是诱发这种和那种疾病的原因,不同人群的生理和病理对哪些天气、气候因子最为敏感,这些问题需要医学家和气象学家共同努力去探索。

李永红等(2005)对南京地区气象因素与死亡率的关系进行了研究。1994—2003年,南京市居民死亡率逐年波动不大,年平均死亡率为5.04‰,男性死亡率高于女性,60岁以上老年人在各个年龄组中死亡率最高,死亡率呈一定季节分布,冬季高于夏季,在特殊的热浪年,如:1994、1998和2003年夏季死亡率亦较高,而在世界各地大多也是冬季死亡率超过夏季。

平均气温与死亡率的关系

根据对日平均气温与死亡率关系的分析,南京市,当平均气温在18～28 ℃时,死亡率最低,即南京市居民健康生活的最适温度范围是日平均气温在18～28 ℃。当日平均气温高于28 ℃或低于18 ℃时,死亡率都会增大。而且平均气温高于28 ℃时对死亡率的影响比低于18 ℃时对死亡率的影响更明显。由此可见,环境温度对人口死亡率具有一定的影响。当夏季日最高气温高于35 ℃时、冬季日最低气温低于4 ℃时,总死亡率均会明显增大,而且不同性别、年龄组、不同死因的死亡率都有类似的温度临界值。各死因死亡率突增的气温临界值和散点图的图形不尽相同,这可能是由于各种疾病的发病机理和气温对肌体影响的机制不同所造成的。当气温达到临界值时,患病者应该注意保护。

当天气不恶劣时,死亡数的逐日变化与天气无明显关系。当气温达到某个临界值时,死亡率显著上升,其变化与天气有一定的关系。据报道,在美国研究的50个城市中,有15个城市夏季死亡与气温有明显关系:东北部和中西部的纽约、芝加哥、费城、底特律和圣路易斯,夏季通常不热,当日最高气温达32 ℃或33 ℃以上时,死亡人数明显增多,尤以纽约最显著。南部和西南部的达拉斯、阿特兰大、新奥尔良、俄克拉荷马和菲尼克斯,夏季通常比较热,当日最高气温特别高时,死亡率才见增多。而对加拿大的10个城市进行研究的结果显示,只有纬度较低的蒙特利尔和多伦多,夏季死亡与天气有关,临界气温是日最高气温29 ℃和33 ℃,其他城市因纬度较高,不出现人们难以承受的高温,夏季死亡与天气无明显关系。经严格的统计分析,上海和广州夏季的临界气温都是日最高气温34 ℃。

南京地处长江流域,位于长江以南,夏季炎热,是典型的丘陵气候,与武汉、重庆并称中国的"三大火炉"。研究分析得出,南京夏季死亡明显增多的日最高气温的临界值是35 ℃,与上述气温临界值相差不大,说明不因地域差异而有很大差别,结果较统一,符合人的生理状态,但此气温高于上述城市的临界值,说明南京夏季炎热,人们对热有所习惯,生活习惯和习俗适应热的气候,故南京出现死亡明显增多的气温临界值高于那些夏季通常不太热的地方。

热浪对南京市居民死亡的影响

随着全球变暖,热浪在世界各地频频发作,且强度越来越强,20世纪90年代中期,全球又出现了罕见的炎热天气,美国、南欧、日本等局部地区遇上了百年未见的酷热天气,印度部分地区气温竟超过48 ℃,中国也出现了大范围的高温天气。炎热的天气使得死亡率大大增高,已经严重威胁到了人类的生命健康,造成了不可估量的损失。因此,引起了国际社会的高度关注,掀起了全球范围内研究热浪的热潮。1998年夏季是南京近10年来继1988、1994和1995年之后的又一个"热夏"。

中国炎热地区包括长江上游四川盆地、长江中下游平原地区和东南沿海及华南地区,其特点是夏季风速小、日照强烈、炎热多雨、湿度高,形成长时间的闷热天气,尤其中国南方夏季常受海洋暖气团的影响,形成热浪,容易发生热病流行。南京位于长江中下游,夏季炎热潮湿,是典型的内陆丘陵气候,常常遭遇热浪的袭击。

从热日与非热日死亡数的比值及热日多出死亡数的分析来看,热日数与死亡率成正比关系,而且呼吸系统、循环系统疾病及意外伤害等多种死因死亡数都会因高温天气而增大。可见,高温对人类的生命健康有很大的影响。1998年上海经历了少有的热浪的袭击,造成了人口死亡率的急剧升高。南京城区在1998年经受了同样的遭遇,人口死亡率大大增多。

对1998年夏季按不同年龄段、性别死亡数的分析来看,热浪和死亡高峰的出现时间有很好的一致性,在7月6—16日热浪持续期间,5 d累计死亡数最高达153人,是1998年平均5 d累计死亡数的3.67倍。男女性别死亡率差别无统计学意义,尚不能说明男女性别对温度的敏感性有差异。在不同年龄段死亡率的分析中,只有60岁以上的老年人群出现了与热浪时间相吻合的死亡高峰,说明"热浪"对老年人的冲击力更大。而且夏末热浪引起的死亡比初夏同样程度的热浪引起的死亡要少。这是人们对炎热的季节内适应的表现。

至于1998年第2个热浪死亡高峰低于第1个,可能有两个原因:第一是在第1次热浪期间,大多数体弱、疾病等对热浪敏感者禁不住热浪的冲击而死亡,当第2次热浪来临时,人群中对热浪特别敏感者所占比例降低,因此与热浪有关的死亡率下降。第二可能是人们对炎热产生了季节内适应的缘故。人在某种气候条件下生活和工作一段时间后,就会产生对这种气候的适应性反应,称为气候适应。当人在高温环境下生活一段时间后会产生热适应。热适应使人们在第2次热浪来临时有了较强的抵抗力。

为了减少热浪所造成的生命健康的损失,根据以上分析结果,建议南京有关部门当日最高气温达到35 ℃时,即发出高温警报,提醒人们要采取适当的防暑措施,尤其是老、弱、病、幼者,做到预防为主。

其他气象因素对南京市居民死亡的影响

气象因素包括气温、湿度、气压、风速、日照、降水等,研究表明,多种疾病的发生与气象要素密切,如气温骤降,气压上升,湿度下降时,心肌梗死和脑血管病人剧增;湿热的气候易使人患偏头疼、胃溃疡等,甚至会导致某些组织发生改变。

表6.1给出了1994—2003年风速、平均气压、平均湿度、降水量、日照时数的逐月平均值与死亡率的关系,平均气压和日照时数与死亡率的相关具有统计学意义,相关系数分别为0.7603和-0.5912。其他气象因素与死亡率的关系无统计学意义。1月、2月和12月平均气压较高,死亡率也较高,6月、7月和8月平均气压较低,死亡率较低,两者呈正相关,日照时数与死亡率呈负相关。

表 6.1 各气象因素逐月平均值与死亡率的关系

月份	风速(m/s)	平均气压(hPa)	平均湿度(%)	降水量(mm)	日照时数(h)	死亡率(‰)
1	4.65	1026.0	74.76	84.63	43.29	0.52
2	4.98	1024.2	71.89	72.10	50.25	0.44
3	5.62	1019.3	71.90	79.46	45.06	0.45
4	5.30	1014.0	71.26	71.17	56.68	0.39
5	5.28	1009.2	77.45	83.69	64.72	0.38
6	4.98	1005.2	77.46	88.98	52.95	0.35
7	5.11	1003.2	79.13	78.70	70.15	0.41
8	5.27	1005.3	80.10	73.33	68.73	0.40
9	4.87	1012.1	74.88	102.71	61.74	0.41
10	4.40	1018.7	75.98	87.86	50.05	0.41
11	4.48	1022.9	75.99	89.63	48.09	0.41
12	4.39	1026.5	75.58	82.47	44.95	0.48
R	−0.3272	0.7603	−0.1546	−0.07968	−0.5912	—
P	0.2992	0.0041	0.6314	0.8056	0.4929	—

由表 6.1 可见月平均气压与死亡率成正相关,日照时数与死亡率成反相关,平均气压高的月份、日照时数短的月份,死亡率均相对较高。冬季月平均气压高于夏季,冬季日照时数少于夏季,与冬季死亡率高于夏季一致。表中湿度和风速与死亡率的关系虽然没有统计学意义,但有资料表明,高温高湿、低温低湿天气都会对人类健康造成不利影响。气候对人类健康的影响是各种气象条件综合作用的结果,其中气温是主要的影响因素。表 6.1 只是各气象因子作为单因素与总死亡率关系的简单分析,其综合作用的情况有待进一步研究。

专栏

日平均气温:指一天 24 小时的平均气温。气象学上通常用一天 02 时、08 时、14 时、20 时四个时刻气温的平均作为一天的平均气温,气温单位一般采用摄氏度标,记做"℃"。

日最高气温:气温在一昼夜的最高值。

日最低气温:气温在一昼夜的最低值。

高温日数:指日最高气温≥35 ℃的日数。

低温日数:指日最高气温≤0 ℃的日数。

三、夏季城市热岛演变特征及其健康影响

城市热岛效应可以影响高温日和热浪过程的空间分布。由于城市热岛效应的存在,表现出市中心区比近郊区和远郊区具有更多的热日天数、更高的极端最高气温、更长的高温持续时间。城市规模扩大、热岛增强,在高温背景上叠加了城市热岛的影响,因而表现为局地性的高温增多。

谈建国(2008)的研究表明:上海夏季城区和郊区各站点均表现出升温的趋势,但是升温趋势强度不同。城区站点龙华(徐家汇)气温升高最快,年极端最高气温升高系数为 0.85 ℃/10 a,夏半年和盛夏期间平均最高气温升高系数分别为 0.74 ℃/10 a 和 0.73 ℃/10 a;而近郊的闵行、宝山、浦东和嘉定升温程度次之;远郊区中最小的为奉贤,年极端最高气温升高系数、夏半年和盛夏期间平均最高气温升高系数分别为 0.09 ℃/10 a、0.29 ℃/10 a 和 0.24 ℃/10 a。从城区、近郊区和远郊区极端最高气温、平均最高气温和高温日数的升高趋势来看,城市热岛效应引起的升温已经超过了区域气候变暖大背景引起的升温,城市化使得热岛增强非常明显,高温日明显偏多。

上海城市热岛具有非常明显的年、月和日变化特征。20 世纪 70 年代中期至 80 年代中期,热岛强度较弱且市区与近郊区的温差和市区与远郊区的温差没有明显差别;80 年中期以后热岛强度持续增强,但是市区与近郊区的温差和市区与远郊区的温差产生了明显的偏离,市区与远郊区的温差远比市区与近郊区的温差增大得快。夏季热岛强度指数不管是城区与近郊还是城区与远郊都以 7 月为最大,8 月次之。热岛强度指数有明显的日变化,在午后热岛表现最强,而午后往往是最高气温出现的时候,所以在热岛的作用下,城区比郊区更加容易出现高温。

热浪死亡有着明显的地区分布特征,市中心区超额死亡率要远大于郊区。市区 10 个区平均超额死亡率为 102.4%,近郊区平均超额死亡率为 84.3%,远郊区平均超额死亡率仅为 43.0%。热浪期间超额死亡率的地区分布特征与城市热岛有着密切联系。热浪期间超额死亡率的地区分布特征和城市热岛效应有着密切关系,城市热岛强度指数越大,超额死亡率越高。热浪期间超额死亡人数还与高温出现的范围有关,即与高温人口暴露量有关。

四、体感温度与夏季热舒适状况

人体在环境中所受气候的影响,是许多气象要素综合作用的结果。虽然人们常用气温来表示环境的冷热,但是,人对外界冷热的调节和舒适感,不能根据气温或其他单一的气象要素来评价。人体和环境之间的热物理和热生理过程,除了受气温、湿度、风速和辐射的影响外,还与气压和水汽压有关。人体热量平衡模型全面考虑了环境气象条件的影响,由此提出的体感温度能够衡量人体在环境中的热舒适状况。因而,从理论上来说体感温度比单一的气温指标能够更好地反映热浪期间的超额死亡状况。

50 多年来随着全球变暖和城市化进程,上海冬季感觉"很冷"和"冷"的日子出现的频数呈明显减少的趋势;相反,夏季感觉"很热"和"热"的日子出现的频数有明显增多的

趋势。体感温度与气温的年变化趋势一致,具有明显的月际变化特征。多年平均体感温度最高值出现在 7 月中下旬,而最低值出现在 1 月下旬至 2 月初。体感温度同样具有日变化特征,夏季(以 7 月为例)舒适等级为"很热"的情况一般 08—09 时开始出现,高峰出现在 13—18 时,22 时以后消失。因此,午后是热胁迫较容易发生的时段,人群应该注意防护。

体感温度和人群超额死亡率有着密切联系,随着体感温度的升高而增大。当体感温度处于 18～23 ℃(处于"舒适"等级)时,没有超额死亡;当体感温度处于 23～29 ℃(处于"舒适偏暖"等级),在绝大多数情况下平均超额死亡率<0,没有超额死亡;当体感温度处于 29～35 ℃(处于"暖"等级)时,平均超额死亡率稍低,一般不超过 5%;当体感温度处于 35～41 ℃(处于"热"等级)时,平均超额死亡率也较低,一般不超过 10%;而当体感温度超过 41 ℃(处于"很热"等级)时,超额死亡率明显增大,且总体上随着体感温度的升高而增大。人体在"很热"环境下时间越长,经历的热胁迫程度越高,人体越容易遭受热浪的侵袭而导致超额死亡。

五、高温热浪对人体健康的影响

1989—2005 年发生热浪 3 d 以上的热浪 37 次,1991、1997 和 1999 年这 3 a 没有出现过 3 d 以上的热浪过程。热浪过程数最多的是 1995 年(5 次),其次是 2003 和 2005 年(4 次)。热浪过程的持续时间长短不一,3～4 d 热浪过程出现频数最多,占了近一半,最长热浪过程可达 21 d(2003 年 7 月 17 日至 8 月 6 日)。

热浪过程的超额死亡率变化很大。有的热浪过程几乎没有超额死亡,但有些热浪过程却超额死亡明显。1989—2005 年 37 个热浪过程中,超额死亡率超过 20% 的有 15 次(占 40.5%),超额死亡率 10%～20% 的有 6 次(占 16.2%),超额死亡率<10% 的有 16 次(占 43.2%),37 次热浪过程平均超额死亡率为 17.2%,超额死亡率最高的热浪过程是 1998 年 8 月 7—17 日,超额死亡率 106.1%。超额死亡百分率的高低与热浪期间的平均最高气温和平均最低气温有关。当热浪过程的平均最高气温 36.5 ℃ 以上时,超额死亡百分率明显上升。超额死亡百分率也与热浪过程的持续时间有关,随着热浪持续时间的延长,超额死亡百分率也明显增大。超额死亡率与热浪发生的季节早晚有联系,发生在 6 月下旬和 8 月中下旬至 9 月上旬的热浪,超额死亡率较高,而在盛夏期间(7 月中旬至 8 月上旬)则相对稍低。

热浪期间各死因类别超额死亡数和超额死亡率都有增大。伤害和中毒、精神失常、内分泌疾病、神经病和循环系统疾病、呼吸系统疾病占据着较高的超额死亡,其超额死亡率分别为 376.6%、341.0%、319.9%、268.1%、268.5% 和 198.4%,几乎比正常死亡水平增加了 1～4 倍。循环系统疾病和呼吸系统疾病在 1998 年热浪期间几乎翻了一番。中风、心脏病和慢性肺病被普遍认为是与热有关的疾病。而肿瘤这一仅次于循环系统疾病的第二大死因在热浪期间只稍微有所增大,超额死亡率为 32.1%,远低于伤害和中毒、精神失常、内分泌疾病、神经病和循环系统疾病、呼吸系统疾病等的超额死亡率。

1998 和 2003 年夏季是近 50 a 来上海经历的高温日数最多的 2 a,对两次超强热浪过程的分析认为,高温仍是夏季死亡增多的主要影响因素,热浪期间污染水平比非热浪过程期间只有轻微的增多。生活条件的改善,如空调的使用、居住条件的改善,可能有助于降低人群易感程度,减少死亡。

第二节 气候变化对人体舒适度的影响

人体的热平衡机能、体温调节、内分泌系统、消化器官等人体的生理功能受到多种气象要素的综合影响,如气温、湿度、气压、光照、风等。但大气探测仪器获取的各种气象要素并不能直接反映人类机体对外界气象环境的主观感觉,目前气象部门大多以人体舒适度指数作为参数,从气象学角度评价在不同的气温、湿度等气象环境下人的舒适感。

1. 江苏代表地区人体舒适度指数年分布特征

选取江苏省徐州、淮安、南京和苏州等四个代表地区的1961—2008年的逐日人体舒适度指数,表6.2为四个地区的48 a平均的各级别出现日数在一年中的百分比,可以看出,四个地区出现相对舒适的日数占大多数,其中徐州和淮安等偏北的地区出现等级3和4相对偏热的日数所占比率比南京和苏州等偏南地区要小,而出现-4极冷等级所占比率则北部地区明显较大。

表6.2　四个地区近48 a(1961—2008年)各舒适级别日数占年总日数的百分比(%)

等级	4	3	2	1	0	-1	-2	-3	-4
徐州	2	4.6	12	20.8	17.9	8.2	10.8	11.4	12.2
淮安	2.1	4.8	11.1	20.2	17.9	8.1	10.9	11.2	13.1
南京	4.2	6.5	11.6	20.2	17.9	8.1	12.1	11.2	8.4
苏州	3.1	6.4	11.5	20.3	19.2	8.6	12.9	10.9	7.1

2. 人体舒适度指数季节分布特征

表6.3~6.6为四个地区48 a平均的各季节指数分布特征,可以看出季节分布特征十分明显,春季和秋季是比较舒适的季节,出现极冷和极热的日数相对较少;夏季出现极热的比率相对较大,特别是南部地区更为明显;冬季,出现极冷的比率比较大,特别是北部地区。

表 6.3　四个地区近 48 a(1961—2008 年)春季各舒适级别日数占总日数的百分比(%)

等级	4	3	2	1	0	−1	−2	−3	−4
徐州	0	0	1.4	22.4	36.4	16.5	14.9	6.2	2.2
淮安	0	0	0.9	18.3	35.4	17	17.2	8.3	3
南京	0	0.1	2.8	24.6	34.9	15.3	15	6	1.4
苏州	0	0	1.3	19.9	37.5	15.8	17.2	7.2	1.1

表 6.4　四个地区近 48 a(1961—2008 年)夏季各舒适级别日数占总日数的百分比(%)

等级	4	3	2	1	0	−1	−2	−3	−4
徐州	7.9	17.8	41.6	32.1	0.7	0	0	0	0
淮安	8.2	18.5	38.5	33.7	1.1	0	0	0	0
南京	16	24	35.3	24.3	0.4	0	0	0	0
苏州	11.8	23.4	35.8	27.7	1.1	0	0	0	0

表 6.5　四个地区近 48 a(1961—2008 年)秋季各舒适级别日数占总日数的百分比(%)

等级	4	3	2	1	0	−1	−2	−3	−4
徐州	0.1	0.4	4.6	28.6	34.2	14.1	12.5	4.4	1.1
淮安	0.2	0.5	4.8	29.1	35.2	13.7	11.2	4	1.2
南京	0.7	1.5	7.8	31.5	34.9	12	8.2	2.6	0.5
苏州	0.4	1.9	8.6	33.3	36.4	11.1	6.5	1.4	0.4

表 6.6　四个地区近 48 a(1961—2008 年)冬季各舒适级别日数占总日数的百分比(%)

等级	4	3	2	1	0	−1	−2	−3	−4
徐州	0	0	0	0	0.2	2.1	16	35.4	46.4
淮安	0	0	0	0	0.3	2	15.3	33	49.2
南京	0	0	0	0	1	5.1	25	36.9	32.3
苏州	0	0	0	0	1.7	7.2	28.2	35.8	27.3

3. 人体舒适度指数年代际变化特征

表 6.7～6.10 为四个地区人体舒适度指数年代际变化特征,受全球气候变化的影响,各地区人体舒适度指数各级别分布特征也有比较明显的变化,主要表现为自 20 世纪

90年代全球气候变暖,江苏省各地气温也有明显的上升,人体舒适度指数表现为20世纪90年代和21世纪的最初几年里各地区出现等级3和4的相对偏热的比率比1990年前各年代明显偏多;相反,出现等级-3和-4偏冷的比率则明显减少。这说明气候变暖以来,人体感觉相对偏热的日数有所增多,但变化最为明显的是相对偏冷的日数明显减少,特别是进入21世纪以来,减少得十分明显。

表 6.7　　　　　　　　　　　　南京地区各舒适级别年代际变化表(%)

等级	4	3	2	1	0	-1	-2	-3	-4
1961—1969 年	5.7	6.4	10.5	18.5	18.7	7.3	11.3	11.2	10.2
1970—1979 年	3.4	6.1	11.2	19.5	17.9	7.6	12	11.6	10.6
1980—1989 年	2.7	4.9	12.9	20.8	17.2	7.6	11.9	11.8	10.3
1990—1999 年	5	6.7	11	21	17.5	8.4	13	11.5	6
2000—2008 年	4.3	8.4	12.1	21	18	9.8	11.9	10	4.7

表 6.8　　　　　　　　　　　　徐州地区各舒适级别年代际变化表(%)

等级	4	3	2	1	0	-1	-2	-3	-4
1961—1969 年	2.5	4.5	10.5	19.9	18.5	8.5	10	10	15.6
1970—1979 年	1.3	4.2	11.2	21	18.1	7.9	10.3	11.6	14.3
1980—1989 年	1.1	4.2	11.9	21.9	17.8	7.7	11.4	11.4	12.5
1990—1999 年	2.6	4.6	12.8	20.5	17.2	8.6	11.9	13.5	8.3
2000—2008 年	2.7	5.6	13.6	20.7	18.1	8.4	10.4	10.2	10.3

表 6.9　　　　　　　　　　　　淮安地区各舒适级别年代际变化表(%)

等级	4	3	2	1	0	-1	-2	-3	-4
1961—1969 年	2.4	5.3	9	19.4	17.9	8.3	9.5	9.9	17.6
1970—1979 年	1.7	4	11.4	19	18.6	7.1	10.8	10.6	16.8
1980—1989 年	1.8	3.9	11.1	20.8	16.9	7.4	10.2	11.6	13.8
1990—1999 年	2.6	5.6	11.7	20.5	17.9	8.8	12.3	12.5	8.1
2000—2008 年	2.1	5.2	12.1	21.4	18.1	9.1	11.6	11.2	9.3

表 6.10　　　　　　　　　苏州地区各舒适级别年代际变化表(%)

等级	4	3	2	1	0	−1	−2	−3	−4
1961—1969 年	3.5	6.1	10.7	18.2	20.3	8	11.5	11.3	10.5
1970—1979 年	2.1	4.5	12.4	19	19.6	8.1	12.4	11.6	10.4
1980—1989 年	2	5.4	12.4	20.5	18.6	7.7	13.4	12	7.9
1990—1999 年	3.7	7.3	10.8	21.7	18.2	9	14.4	10.9	3.8
2000—2008 年	4.4	8.7	10.9	22.2	19.5	10.2	12.8	8.7	2.7

专　栏

　　人体舒适度计算公式:江苏省气象台多年以来,在每日的气象预报服务中应用了人体舒适度指标,其计算方法为:

$$p = (T \times 1.8 + 32) - 0.55 \times (1 - Hu/100) \times (T \times 1.8 - 26) - 3.2 \times V$$

其中,T—日平均气温(℃),Hu—日平均相对湿度,V—日平均风速(m/s)

　　依据江苏省气象台人体舒适度指标计算公式,每日得出 p 值,根据社会调查及气象资料对比分析,将人体舒适度指数按表 6.11 分为 9 个等级,9 个等级从极冷到极热,该指标在实际业务中具有比较好的效果,能够反映出人体舒适程度对天气变化的响应。

表 6.11　　　　　　　　　人体舒适度等级的定义和描述

级别	舒适度指数	预报服务用语
−4	<35	人体感觉寒冷,极不适应,需注意保暖防寒,防止冻伤。
−3	35~39	人体感觉很冷,很不舒适,希注意保暖防寒。
−2	40~45	人体感觉较冷,不舒适,希注意保暖。
−1	46~50	人体感觉较为舒适。
0	51~60	人体感觉舒适,最可接受。
1	61~69	人体感觉偏热,不太舒适,注意通风。
2	70~74	人体感觉热,不舒适,请适当降温防暑。
3	75~77	人体感觉炎热,很不舒适,易诱发中暑,希注意防暑降温。
4	>77	人体感觉很热,极不适应,易诱发中暑,需特别注意防暑降温,以防中暑。

第三节 极端气候事件对人体伤亡的影响

一、长江三角洲地区极端气候事件与人体伤亡

根据对 2006—2009 年江苏、浙江及安徽等省气候影响评价报告的不完全统计,长江三角洲地区导致人员伤亡的气象灾害主要包括大雾、雨涝、雷击、台风、强对流天气(雷雨、大风、冰雹、龙卷等)和雪灾等。其中(图 6.1)雷击造成的死亡人数最多,约占全年气象灾害造成死亡的 30%;强对流天气和大雾造成死亡的人数也较多,分别约占全年气象灾害的 18% 和 16%。

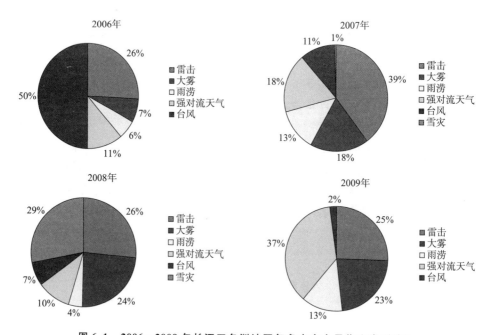

图 6.1 2006—2009 年长江三角洲地区气象灾害人员伤亡类型统计

从 3 个省份的年均死亡人数对比来看(图 6.2),江苏和安徽因雷击、强对流天气、大雾等死亡的人数相对较多,浙江省因台风死亡的人数相对较多。

总的来看,雷电灾害发生频次及其地理分布范围最广,造成的死亡事故也相对最多,伤亡人员大多在农村或野外空旷地区,并且老人和儿童的伤亡率较高。因此,加强对农村、学校以及田间和野外工作场所等相关方面的科学合理避雷知识的宣传普及至关重要。

长江三角洲地区大雾灾害发生频繁,大雾造成的人员伤亡也很多,但伤亡事故主要是由于大雾引起的交通事故所造成,大雾会使高速公路能见度降低,造成司机视野不清,从而引发交通事故。而长江三角洲地区高速公路发达,车流量大,也是造成因大雾

死亡人数较多的原因之一。

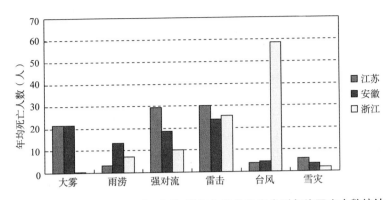

图 6.2　2006—2009 年江苏、安徽、浙江各气象灾害类型年均死亡人数统计

此外,长江三角洲地区台风影响较大,台风也是造成死亡人数较多的灾害之一。与其地理位置有关,影响最大且造成人员伤亡最多的是浙江省,其次是江苏省,对安徽省的影响相对较轻。

近几年来,暴雪造成的灾害也比较重,特别是 2008 年中国南方地区的特大暴雪灾害,给长江三角洲地区也带来了重大影响,除了暴雪本身气象灾害程度较重以外,暴雪引发的衍生灾害也很重,主要是交通运输压力、电力保障压力、房屋倒塌造成的人员伤亡、道路结冰引起的交通事故等。长江三角洲地区经济发达、人口密集,引起的衍生灾害种类较多,并且很容易造成人员伤亡。因此,长江三角洲地区应对突发性自然灾害能力较弱的问题也需进一步提高。

二、长江三角洲地区近几年造成重大伤亡极端气候事件

2006 年大雾

江苏省:2006 年 12 月 24—27 日一场罕见大雾突袭江苏,全省大部分地区出现能见度小于 500 m,部分地区小于 50 m 的浓雾。江苏省气象台 2 次升级大雾预警信号,并首次发布了大雾红色预警信号。此次大雾持续 51 h,为历史罕见。受大雾影响,南京禄口机场暂停飞机起降,通往城外的高速公路暂时关闭,长江轮渡暂时停航。南京江北大厂在傍晚时分,有一辆超载的农用车在葛塘附近跟车过近,撞上了前方一辆半挂货车,司机受伤,副驾驶身亡。盱眙县因大雾天气而造成严重的经济损失和人员伤亡,25 日交通事故 15 起,大部分车辆受损,伤 5 人;26 日 00 时至 09 时为止交通事故 1 起,伤 1 人。12 月 26 日 07 时左右,由于受大雾影响视线不开阔,在扬州万福路与沙湾路交叉路口,一辆重型作业车和一人力三轮车相撞,导致骑车人死亡。

安徽省:2006 年 12 月 25—26 日安徽省出现了有气象记录以来持续时间最长的大雾天气。25 日,安徽省合宁、合芜、芜马、芜宣高速公路和芜湖长江大桥陆续关闭;长江全面禁航;合肥骆岗机场所有进出航班延误。大雾天气造成多起交通事故,据不完全统计,共造成 5 人死亡,10 多人受伤。

浙江省:从 12 月 25 日晚至 26 日早上,浙江全省大范围内出现大雾天气。其中浙江省北部受影响最为严重,嘉兴、杭州、绍兴,到 26 日 10 时左右,能见度还不足 100 m。这是 2006 全年浙江省最大的一场雾。据浙江省交通部门介绍:由于受大雾天气影响,高速公路几乎全部采取了封道措施,仅有甬台温、金丽温的温州段有少量汽车通行。

2006 年台风

浙江省:2006 年有 4 个热带气旋影响浙江省,分别是台风"珍珠""碧利斯""格美"和"桑美"。其中"桑美"在浙江省苍南马站登陆,是近 50 年来登陆中国大陆强度最强的台风,实测最大风速苍南县霞关镇 68 m/s。"珍珠"是新中国成立以来影响浙江省最早的台风。热带气旋给浙江省造成直接经济损失 136.29 亿元;农作物受灾面积 17.6 万 hm^2;受灾人口 550.6 万人,死亡 197 人,紧急转移安置 123.6 万人。

安徽省:2006 年第 05 号台风"格美"于 7 月 25—28 日影响安徽省,受台风倒槽、冷空气以及大别山区的地形等因素共同影响,大别山等局部地区出现严重的暴雨洪涝并引发地质灾害。据安徽省民政厅救灾办统计,2006 年受台风影响,全省农作物受灾面积 3.82 万 hm^2,受灾人口 71.10 万人,死亡 5 人,受伤 204 人;直接经济损失 4.96 亿元,其中农业损失 1.67 亿元。

2007 年高温

浙江省:2007 年浙江省高温天气出现较早,6 月中旬起,开始出现大范围高温天气,持续高温主要集中在两个时段,第一阶段始于 6 月 30 日,止于 7 月 10 日前后,第二阶段始于 7 月 18 日,止于 8 月上旬。夏季高温(≥35 ℃)日数全省平均 33 d,比常年同期偏多 15 d,桐庐、义乌等地区高温天数在 50 d 以上。在高温天气期间,部分地区高温日数、持续高温日数、日最高气温、日平均气温等各项指标破历史纪录。各地极端最高气温基本在 38 ℃以上,50%县市达到了 39~42 ℃,舟山(40.2 ℃)、奉化(41.6 ℃)、桐乡(39.6 ℃)极端最高记录均破当地历史极端最高纪录。经分析,2007 年浙江的高温热浪强度总体上 30 a 一遇,部分地区已达到 50~70 a 一遇的程度。高温热浪严重影响人体健康,最直接的影响是发病率和死亡率的升高。据报道,各大医院因高温中暑生病人员急剧增多。高温还造成部分地区供电形势趋紧,浙江电网日最高统调负荷曾突破 3000 万 kW,超出前一年最高负荷记录。

江苏省:2007 年 7 月 25 日开始,全省大部分地区进入高温酷热天气。各站出现 1~10 d 高温天气,其中江淮南部和苏南地区为高温集中的区域,苏州地区、丹阳、无锡等站点 10 d 均为高温日,极端最高气温出现在 7 月 31 日,无锡为 39.7 ℃。仅 25 日南京市 1 d 就"热昏"15 人。29 日南京最高气温 38.2 ℃,一名 55 岁挖掘工人和一名 51 岁环卫工人中暑身亡。

2008 年雪灾

江苏省:2008 年 1 月 11 日至 2 月初,江苏大部分地区遭遇了严重的低温雨雪冰冻天气。期间发生区域性暴雪过程持续时间长、范围广、强度大,为历史罕见,对人民生活、交通、电力、通讯等方面造成巨大的影响。其主要特点为:(1)暴雪持续时间之长为 1961 年来之最;(2)暴雪范围之广仅次于 1984 年;(3)暴雪积雪深度之深为 1961 年以来之最。此次暴雪造成 23 个市、县(区)积雪深度超过本站历史极值,1 个站与历史纪录持平。江苏省淮河以南地区出现大范围暴雪天气,除连云港地区外,全省大部分地区积雪深度超过 5 cm,降雪最为严重的江淮之间南部和苏南地区积雪深度为 20～40 cm(溧水),雨雪量为 21.0～61.5 mm(高淳),南京 45.9 mm。

此次暴雪对交通造成严重影响,高速公路封闭、机场封航、汽渡停航、交通事故频发、农作物受灾。另外暴雪还造成多处房屋、大棚倒塌。据江苏省民政厅和气象台站统计资料,全省受灾 242.13 万人,因大雪天气造成 30 人死亡(其中因交通事故死亡 16 人,因积雪过深大棚倒塌死亡 14 人),受伤 305 人;紧急转移安置 14748 人;农作物受灾面积 145098 hm²,其中绝收面积 12300 hm²;因灾倒塌房屋 6405 间,其中倒塌民房 1682 户 3227 间;损坏房屋 14528 间;此外,灾害还造成许多工厂工棚和大量蔬菜大棚倒塌;灾害造成的直接经济损失 20.3 亿元,其中农业直接经济损失 10.9 亿元。

安徽省:2008 年 1 月 10 日至 2 月 6 日,安徽省连续发生 5 次全省性降雪(1 月 10—16 日、18—22 日、25—29 日、2 月 1—2 日、4—6 日),造成大面积的雪灾。积雪最深的区域集中在安徽省大别山区和江淮之间,这也是全国积雪深度最深的地区,最大积雪深度普遍超过 35 cm,其中 9 个市县超过 40 cm,最深为金寨县 54 cm。大别山区由于地形影响,很多乡镇的雪深大于台站观测值,如岳西县石关八里岗 105 国道路边(海拔近 900 m)积雪深度竟达 93 cm。大别山区和江南出现大范围的冻雨天气,电线积冰直径普遍在 10 mm 左右,最大黄山光明顶为 61 mm。与历史上大雪年的比较结果表明,2008 年雨雪的持续时间达 28 d,超过 1954 年(持续 16 d)和 1969 年(持续 16 d),成为有资料以来降雪持续时间最长的一年。积雪深度和积雪面积总的来看,超过 1984 年。冰冻日数(日平均气温≤1.0 ℃,且降水量≥0.1 mm)江淮西部及沿江江南中部地区在 10 d 以上,最多九华山为 26 d,明显多于 1984 年。全省农作物受灾面积 79.584 万 hm²,其中绝收 7.879 万 hm²;受灾人口 1359.19 万人,死亡 13 人;倒塌房屋 12.70 万间,损坏房屋 23.79 万间;直接经济损失 134.49 亿元,其中农业损失 59.34 亿元。综合来看是新中国成立以来持续时间最长、积雪最深、范围最大、灾情最重的一次雪灾。

浙江省:全省 1 月 13 日—2 月 20 日出现了持续低温、雨雪、冰冻灾害。此次过程持续时间长,降水量大。全省几乎是阴雨(雪)长时间笼罩,降水日数普遍在 15～19 d,超过常年同期 1 倍以上,除浙南外,其他地区基本为历史第一位。此次过程强度影响范围之广、强度之强为浙江省有气象记录以来所罕见,尤其是 2 月 1—2 日暴雪浙北大部分地区积雪深度为 50 a 不遇。此次过程中出现大面积的冻雨现象,且强度强,造成了特殊的危害性。由于前冬暖后冬冷,气温变幅大,部分地区冻害严重。低温雨雪冰冻灾害造成除舟山市以外的 10 个市 79 个县(市、区)不同程度受灾,因灾死亡 9 人(钢棚倒塌、车棚倒塌致死),被困人口 69.18 万人,转移灾民 13.6 万人,累计安置滞留旅客 42.0 万人,农作物受灾 83.29 万 hm²;林业受灾面积 153.4 万 hm²;倒塌房屋 11661 间,其中倒塌居民住房 1745 户 1262 间;全省 341 个乡镇、8749 个村停电,累计倒(断)塔(杆)11353 基、斜杆 1262 基、断线 4601 处、线路损坏 9806 km,直接经济损失 174.3 亿元。农业经济损失 102.1 亿元。

第四节　人体健康应对气候变化适应性对策

一、政府职能部门相关政策、法规的制定

重视应对全球变暖相关政策的制定和研究

各级政府及有关部门要进一步制定、完善相关政策、法规、措施,通过增强常规能源的有效性,降低矿物燃料消耗,同时开发更清洁有效的可再生能源,减排二氧化碳、增加碳汇,从源头减缓气候变化及其给人类健康带来的危害。同时,禁止或减少森林砍伐、保持物种多样性,保护生态环境也是非常重要的措施。

加强气象疾病监测预警系统的建设

面对气候变化对人类健康的挑战,通过政策、法规、经济投入等多种手段加强卫生防疫工作,提高现有公共卫生基础设施的水平。同时,建立集气象、环境和疫情系统为一体的综合监测系统,加强医疗气象学科建设,进一步开展医疗气象预报,并建立疾病的快速反应系统。

建立和完善气象灾害的应急措施

建立预警系统防患于未然,建立和加强气象灾害,特别是极端天气气候事件与人体健康监测、预报、预警系统,提高应对极端气候事件能力。针对长江三角洲经济发达、人口密集、地形复杂等特点,特别是加强对雷电、大雾、台风及洪涝(强降水)等易造成人员伤亡的气象灾害的应急机制。

加强地方、部门、国际之间的交流合作

加强地方及部门间的合作和交流,特别是相关政府部门、研究机构、高等学校等的合作,提高气象灾害与疾病监测及预警水平。此外,加强国际合作,促进气候变化公众意识方面的合作与交流,积极借鉴国际先进经验和做法。

二、开展气候变化与人体健康的科学研究

加强气候变化与人体健康关系的机理研究

相关部门深入开展关于气象、环境与人类健康关系的机理研究。重点对主要流行病、传染病开展气候风险评估和气候区划研究。主要研究内容有:研究疾病滋生、传播、暴发过程与气候的关系,确定对其有利和不利的天气、气候条件。

加强疾病预测和预警机制研究

将已有科研成果用于实际,细化和丰富预报产品。将气象部门已开发的多种人体健康气象指数如与人类健康有关的紫外线强度气象指数、感冒指数、花粉浓度实况及趋势、哮喘疾病发病趋势预测、呼吸系统疾病发病预测、中暑指数预报等的基础上,将研究和服务领域延伸到传染病、流行病领域,让百姓及时掌握与生活息息相关的气象要素变化,指导市民根据天气的变化调整自己的饮食起居、增减衣物,以降低气象条件对身体

健康的不利影响。

加强科学应对措施的研究

深入探讨气候学、生物学和流行病学知识及其相互关系,推动多学科的综合调查和研究;加强全球环境变化对人类健康影响的途径和机制的研究,建立相关模型,进行气候变化、环境、健康等多因素综合分析。从而为各级政府部门提出切实可行的应对措施,为社会可持续发展提供科学依据。

三、加强气候变化与人体健康关系的科普宣传

加强应对气候变化,提高身体素质的宣传

加强对公众的宣传,使整个社会都意识到全球气候变化带来的健康问题,引导大家适应气候变化,保护自己的身体健康。在日常生活中要积极学习科学的卫生知识,养成良好的生活习惯,开展社会性体育健身运动,增强体质,以减少引发疾病的危险因素。

加强应对气候变化,积极保护环境的宣传

积极应对气候变化对环境造成的负面影响,提高公众节能减排、保护环境的意识,例如增加自行车和公共交通工具的使用以代替私家汽车,降低温室气体的排放,改善空气质量。倡导节约用电、用水,增强垃圾循环利用和垃圾分类等的自觉意识。

加强应对和防范极端天气气候事件能力的宣传

利用图书、报刊、音像等大众传播媒介,对社会各阶层公众进行应对极端天气气候事件能力的宣传,增强对由极端天气引起的自然灾害的防范意识,特别是针对雷电、大雾等高影响天气的防范意识,如正确的避雷方式、大雾天出行防范措施等的宣传。此外,各级政府应充分发挥公共基础设施的作用,发挥体制机制的优势,扩大灾害预警覆盖面和防范知识的宣传覆盖面,在防范天气、气候因素对人体健康带来的不利影响方面向农村及脆弱人群提供更多的援助。

小结

气象条件与人类的健康息息相关,全球变暖可带来依不同气候带和季节而异的天气现象。本章分析了南京和上海等地的气象条件如平均气温及高温热浪等与人体健康的关系,通过江苏省徐州、淮安、南京和苏州等四个代表地区的人体舒适度指数时空分布特征分析了气候变化对人体舒适度的影响,最后阐述了极端气候事件对人体伤亡的影响。研究发现气温的高低变化会引起许多疾病的发生,特别是对气管炎、高血压、冠心病、脑血管等慢性疾病影响较大;全球气候变化越来越明显,其中极端高温产生的热效应对人类的直接影响已变得更加频繁、更加普遍。由于热浪的次数增多和严重程度增强,儿童、老年人、体弱者以及高血压、冠心病、脑血管疾病等慢性疾病患者难以适应,炎热的应激反应使体温调节系统处于"超负荷"状态,感受热胁迫影响健康。且气候变暖以来,人体感觉相对偏热的日数有所增多,但变化最为明显的是,相对偏冷的日数明

显减少,特别是进入 21 世纪以来,减少得十分明显;极端气候事件增多趋强,对人体伤亡的影响也越来越大。适应气候变化对策方面,应通过政府职能部门相关政策法规的制定,大力开展气候变化与人体健康的科学研究,并进一步加强气候变化与人体健康关系的科普宣传。

参考文献

安藤满,1999.地球变暖与人类健康[J].日本医学介绍,**20**(8):377.

曹毅,常学奇,高增林,2001.未来气候变化对人类健康的潜在影响[J].环境与健康杂志,**18**(5):312-315.

陈颖,2001.中国气候变化指数分析[J].新疆气象,**24**(2):13-15.

陈正洪,王祖承,杨宏青,等,2002.城市暑热危险度统计预报模型[J].气象科技,**30**(2):98-101,104.

董蕙青,黄香杏,郑宏翔,2000.中暑指数预报[J].广西气象,**21**(2):47-48.

杜正静,黄继用,熊方,2004.贵州省城市环境气象指数预报简介[J].贵州气象,**28**(1):17-21.

何权,何祖安,郑有清,1990.炎热地区热浪对人群健康影响的调查[J].环境与健康杂志,**7**(5):206-211.

胡夏嵩,赵法锁,1999.浅析全球变暖的成因与人类健康[J].灾害学,**14**(4):77-80.

焦艾彩,朱定真,陶玫,等,2001.南京地区中暑天气条件指数研究预报[J].气象科学,**21**(2):246-252.

亢秀敏,2001.气候变暖与虫媒病流行[J].中国媒介生物学及控制杂志,**12**(2):152-153.

郎根栋,1998.21 世纪人类将 ICI 临的环境问题[J].灾害学,**13**(3):160-162.

李永红,2005.气象因素对南京市居民健康影响的初步研究[D].南京:东南大学.

李永红,陈晓东,林萍,2005.高温对南京市某城区人口死亡的影响[J].环境与健康杂志,**22**(1):6-8.

罗美娟,刘文英,2005.南昌城市高温热浪气候分析[J].广西气象,**26**(2):18-20.

马占山,张强,肖风劲,等,2004.2003 年我国的气象灾害特点及影响[J].灾害学,**19**(增刊):1-7.

茅志成,挥振先,杜学利,等,1998.南京市重症中暑发病与气象因素的关系[J].南京铁道医学院学报,**17**(1):4-7.

茅志成,王一锁,程爱群,等,1989.南京市 1988 年中暑流行病学调查[J].中华医学杂志,(69):460-461.

乔盛西,1992.武汉中暑人数与体感温度、CDH 的关系以及中暑发病的预报[J].湖北气象,**11**(2):29-32.

沙万英,邵雪梅,黄玫,2002.20 世纪 80 年代以来中国的气候变暖及其对自然区域界线的影响[J].中国科学,**32**(4):317-326.

孙立勇,任军,徐锁兆,等,1995.热浪对炎热地区居民死亡率的影响[J].气象,**20**(9):54-57.

谭冠日,1994.全球变暖对上海和广州人群死亡数的可能影响[J].环境科学学报,**14**(3):368-373.

谭冠日,1995.天气和气候对死亡率的影响[M].现代环境卫生学(第 2 版).北京:人民卫生出版社,845-848.

谭冠日,黄劲松,1990.气候影响评价的两种统计方法—论广州天气对死亡率的影响[J].南京气象学院学报,**13**(3):359-367.

谭冠日,黄劲松,郑昌辛,1991.一种客观的天气气候分类方法[J].热带气象,**7**(1):55-62.

谈建国,2008.气候变暖、城市热岛与高温热浪及其健康影响研究[D].南京:南京信息工程大学.

王长来,茅志成,程极壮,1999.气象因素与中暑发生关系的探讨[J].气候与环境研究,**4**(1):40-43.

徐世晓,赵新全,孙平,等,2001.人类不合理活动对全球气候变暖的影响[J].人与自然,(6):59-61.

杨宏青,陈正洪,肖劲松,等,2001.呼吸道和心脑血管疾病与气象条件的关系及其预报模型[J].气象科技,(2):49-52.

张德山,邓长菊,尤焕,等,2005.北京地区中暑气象指数预报与服务[J].气象科技,**33**(6):574-76.

张尚印,宋艳玲,张德宽,等,2004.华北主要城市夏季高温气候特征及其评估方法[J].地理学报,**59**(3):383-390.

张尚印,张德宽,徐祥德,等,2005.长江中下游夏季高温灾害机理及预测[J].南京气象学院学报,**28**(6):840-846.

郑有飞,1999.气象与人类健康及研究[J].气象科学,**19**(4):424-428.

气候变化对长江三角洲城市发展的影响及适应对策

王腾飞(南京信息工程大学)

Marco Gammer　Thomas Fisher　曹丽格(国家气候中心)

引言

　　随着社会经济的高速发展,全球城市化进程的不断加剧,已给城市的环境带来了严重影响。经济发展一方面推动城市的发展,另外一方面城市发展又与城市气候互为关联对区域的气候产生影响,区域气候又反作用于城市。快速发展的城市化过程,已经给城市气候环境带来了诸多方面的影响。长江三角洲地区地处亚热带湿润区的北部,属于亚热带季风气候。常年受冷暖气团的相互作用和季风系统影响较大,在全球变暖的背景下,本地区的气候变化也异常敏感。加之经济快速发展、人民生活水平普遍提高的同时,长江三角洲地区的能源消耗和碳排放量也日渐增大。在全球气候变化背景下,地区暴露于越来越频繁和剧烈的气象灾害风险之中,对社会、经济和生态产生负面影响。为了适应气候变化,减缓气候变化带来的影响,变被动承受应付为主动适应,长江三角洲地区的一些城市,比如无锡开始着眼于如何走上低碳之路,成为低碳发展城市。

第一节　长江三角洲城市特征及气候效应

1. 气候变化背景下的城市气候效应

　　长江三角洲地区的城市体系在不断发生变化。21世纪,人类社会的发展达到了新的阶段,机遇和挑战一并袭来。其中,日渐加速的城市化和愈演愈烈气候变化正是其中两个巨大挑战。联合国政府间气候变化委员会第四次报告(IPCC AR4)指出,"近50年来,全球气候变暖有超过90%的可能性是因人类活动导致",且"大气中的温室气体(GHGs)含量增大,城市化进程成为造成气候变暖的人类活动的一个主要因素"(IPCC,2007)。

城市作为地区活动的中心,人口密集,下垫面类型复杂,加之排放大量的温室气体,而且"人为热""人为水汽"、微尘和其他污染物排放至大气中,所以人类活动对大气的影响在城市中表现更凸出。城市气候是在区域气候背景上,在人类活动影响下而形成的一种特殊的局地气候。城市的气候特征可归纳为五岛效应——即热岛、浑浊岛、干岛、湿岛和雨岛。

专栏

"热岛"效应:指城市气温高于郊区的现象,从等温线的分布上来看,城市周围的等温线密集,形成类似于地形图上小岛的等高线分布。城市的"热岛"效应呈季节变化,通常冬秋季强,春季次之,夏季最弱;而一日之内的"热岛"效应通常是夜间较强。"热岛"的强弱和城市规模也有密切的关系,几万到十几万人口的小城市和郊区温差约在2~3℃,而百万人口以上的大城市和郊区的温差可以超过5℃。

"干、湿岛"效应:白天,城市地区下垫面通过蒸散进入低层空气中的水汽量小于郊区,加之植被覆盖度的差异和城区"热岛"效应下的强湍流,导致城区低层的水汽压小于郊区形成"城市干岛"。夜晚,风速降低,空气层结稳定,郊区气温下降快,饱和水汽压降低,形成凝露,城区受"热岛"效应的影响,凝结的露水少于郊区,以至于城区近地面的水汽压高于郊区,出现城市"湿岛"。

"混浊岛"效应:城市是受大气污染影响严重的地区,在强湍流的作用下,大量颗粒污染物和有害气体,聚集在城市上空,形成了一个类似锅盖状的穹隆。这些污染物对太阳辐射有不同程度的吸收和反射作用,减弱了大气透明度,削弱了太阳直接辐射和总辐射,并减少了日照。城市轻雾、烟幕出现频率随大气污染物浓度升高而明显增大,致使空气混浊、能见度降低。被称为城市的"混浊岛"效应。

"雨岛"效应:当大气环流较弱的时候,产生有利于在城区形成降水过程天气的大尺度天气形势。受热岛效应影响,城区所产生的局地气流的辐合上升,形成对流降水。城市区域的下垫面粗糙度大,阻碍了移动滞缓的降雨系统的移动,延长了城区的降雨时间;再加上城区的"混浊"岛效应,空气中的凝结核多,化学组成不同,物理性质不一,更加有利暖云的降水作用。由以上的种种因素的影响,会诱导暴雨最大强度的落点位于城市区域或其下风方向,形成城市"雨岛"效应。

城市的"五岛"效应之间存在紧密的相互联系、相互制约的关系。"热岛"效应加强,促使城区相对湿度的降低,夜间凝露量减少,利于城市"干湿岛"的昼夜交替。"热岛"效应导致的辐合气流和热力湍流有助于城区的云量增多,诱导对流降水在城区的增幅,有利于"混浊岛"和"雨岛"的形成。相反,由于"混浊岛"的存在,使太阳直接辐射减弱,低层大气云量增多,减少了太阳辐射的强度,对城市的"热岛"有负反馈作用,此外"雨岛"的效应更可以减小"热岛"的幅度。"五岛"之中,"热岛""干岛"和"混浊岛"出现的频率最大。

"五岛"效应对城市环境和人体健康都有极大的影响和危害,尤其一些城市化程度高,人口密集的地区。在城市"五岛"效应的综合影响下,这些地区面临着极端天气气候事件的不断增多,空气质量不断恶化,使得人类健康生活所需的综合环境质量不断下降。

2. 长江三角洲的城市化

长江三角洲地区是中国高度城市化的地区,城市化水平已达到 $60\%\sim70\%$,这个地区被认为是世界正在兴起的第六大都市群。长江三角洲地区形成的城市群属于块状城市集聚区,从城市结构来看,长江三角洲地区城市等级有着完善的序列,目前已形成 5 个层次,每个层次城市的数量呈现宝塔型特点:第一层的代表地区为特大城市上海,作为国际性港口城市和全国性中心城市,上海在本区城市体系中起到核心和经济文化中心的作用;第二层次的城市指南京和杭州两市,这两个城市历史悠久,都有过作为首都的经历,如今各自作为江苏和浙江两省的省会,承担了两省的政治、经济、文化中心作用;第三层次的城市以苏州、无锡、常州等大中城市为代表;第四层次为南通、镇江等中小城市;第五层次为依附在其他层次的其他小城市和卫星城市。

长江三角洲地区的城市群发展和城市体系变化的历程、分级与传统的论述所说的通过首位城市、核心城市来带动区域发展相悖,呈现出自下往上的城市化,推动区域发展。长江三角洲地区城市体系内部发展重视不同城市的自发内力和整体性提升,使得该地区城市体系等级格局相对比较完整、空间分布格局相对比较均衡,与京津冀城市群中北京和天津超强,而缺乏支撑性的中小城市不同。

3. 无锡社会经济概况

无锡,一颗璀璨的太湖明珠,坐落在经济发达的长江三角洲腹地,地处江苏省东南部,毗邻上海,北依长江,南濒太湖,京杭运河穿城而过。是一座拥有 3000 年历史文化的江南名城,历史上便是著名的"鱼米之乡",更是中国沿江地带著名的四大米市之一。无锡物产富饶,人杰地灵,在近代更是民族工业的发祥地之一。

现在的无锡全市总面积 4788 km^2,户籍人口 452.8 万,常住人口超过 650 万;下辖江阴、宜兴两个市(县),以及锡山、惠山、滨湖、崇安、南长、北塘、新区等七个区。2011 年整个无锡地区的生产总值达到了 6880.15 亿元,人均国内生产总值达到了 1.7 万美元,远超中国的平均水平,是当之无愧的经济重镇。

然而,和许多城市在城市化进程中遇到的问题一样,无锡在社会经济快速发展,人民生活水平普遍提高的同时,能源消耗、碳排放量巨大;环境污染严重;受气候变化带来的影响严重;深受极端天气影响,气象灾害频发。

第二节　气候变化对城市的影响

一、无锡地区的气候概况

无锡地处亚热带湿润区的北部,属于亚热带季风气候。常年受冷暖气团的相互作用和季风系统影响较大,在全球变暖的背景下,地区的气候变化也异常敏感。

很多文献已经从观测和预测两方面说明了无锡地区的气候参数的变化,从而证实无锡地区气候变暖的现实。然而很多的数据和时间序列却并不吻合,主要是由于大量的案例研究更加着重利用大区域的数据进行大尺度的描述,如整个长江流域。

但还是有一些文献具体研究了无锡地区气候变化的现实。Gemmer 等(2004)发现,50 a 内,无锡 7 月和 1 月降水均有显著增多(通过了 99%的置信水平)。同时 Becker 等(2006)和 Zhang 等(2005)也发现无锡地区 8 月的月降水量有明显的增多。Su 等(2008)发现,无锡地区极端降水具有很低的变异系数。也就是说在考虑到年降水量超过 800 mm 的情况下,无锡地区的极端降水将发生得更为频繁,且结论更为可靠。研究同时发现 1986 年后的极端降水增加明显,1980 年后 15 a 一遇的极端降水周期降低为 8 a 一遇,也就是说意味着 1980 年后的极端降水发生的频次是 1980 年前的两倍。Piao 等(2010)也通过研究证实了这一点。他们同时也发现年降水日数的减少,这也暗示了雨强的增强。Zhang 等(2005)发现,气温在 6,7,8 月三个月中升高不显著;Piao 等(2010)则发现无锡地区 7—8 月的高温热浪现象有略微的增加。Zhang 等(2008)年描述了无锡地区气温变化的大体趋势,从 20 世纪 20 年代起,无锡地区的年平均气温呈现显著的上升。相关文献也证实无锡地区整体的干湿状况每 25~28 a 会有一个改变。

已有的这些文献说明无锡地区的气候条件在过去的 50~60 a 内已经发生了变化,并预测未来会有更为明显的变化。

二、无锡地区气候变化事实及预测

1. 气候变化年尺度指标变化趋势

通过对无锡地区 7 个气象站点 1961—2009 年日气象数据的统计和分析,可以发现年尺度气候指标中,无锡地区在过去的近 50 a 内,日平均气温、日最高气温、日最低气温均有所升高,暖期跨度有所延长,而冷期的跨度却有所缩短。降水方面,只有日降水强度有增大。详见表 7.1。

表 7.1　无锡 7 个气象站 1961—2009 年年尺度气候指数观测变化均值(显著性水平 α＝0.05)

年尺度指标	总体趋势	变化趋势
平均气温	升高	0.3 ℃/10 a
最高温度	升高	0.3 ℃/10 a

年尺度指标	总体趋势(1961—2009)	变化趋势(单位/10年)
最低温度	升高	0.6 ℃/10 a
低温天数(<0 ℃)	减少	−0.9 d/10 a
高温天数(>25 ℃)	增多	2.0 d/10 a
暖期跨度	延长	4.7 d/10 a
冷期跨度	缩短	−5.0 d/10 a
总降水量	无	30.3 mm/10 a
降水日数(>1 mm/d)	无	0 d/10 a
日降水强度	增强	0.3 mm/10 a
最大5日降水量	无	2.7 mm/10 a
强降水日数(>20 mm/d)	无	0.5 d/10 a

2. 气候变化月尺度指标变化趋势

通过对1961—2009年无锡地区月尺度气候指标的观测和统计,我们可以发现每月的最低气温除7月和8月外均有所升高。同时,月平均气温除7月、8月和11月外,也均有升高的趋势。而最高气温的升高只发生在夏、秋两季。降雨方面的变化,我们可以发现4月和9月正在变干而1月变得更为潮湿。4月的降水日数有明显的减少。同时1月的降水强度有显著增强,9月的5d最大降水却呈减少趋势(详见表7.2)。

表7.2 无锡7个气象站1961—2009年月尺度气候指数观测变化均值(显著性水平 α=0.05)

月尺度指标	月尺度增加/减少的显著性趋势(单位/10 a)											
	1月	2月	3月	4月	5月	6月	7月	8月	9月	10月	11月	12月
平均气温(℃)	0.3	0.6	0.4	0.4	0.4	0.3	0.1	0	0.3	0.4	0.2	0.3
最高气温(℃)	0.1	0.6	0.4	0.4	0.4	0.5	0.3	0.1	0.2	0.5	0.4	0.2
最低气温(℃)	0.4	0.8	0.4	0.6	0.6	0.3	0.1	−0.1	0.6	0.7	0.7	0.5
总降水量(mm)	13	3	4	−9	5	13	12	15	−14	−6	3	2
>1 mm/d 降水日数(d)	0.8	0.2	0.2	−0.7	−0.4	0.1	0.3	0.3	−0.7	0.4	0.1	0.8
日降水强度(mm)	0.8	0.0	0.2	0.0	−0.1	1.0	0.7	1.0	−0.6	0.1	0.3	0.4
最大5日降水量(mm)	6.8	0.9	2.3	−3.0	−1.3	2.5	5.2	7.4	−8.7	4.3	1.7	2.0

3. 无锡地区未来气候指标的预测

对无锡地区未来的气候指标进行了预测,这些指标和用于分析观测事实的指标一样。我们利用了 ECHAM5/MPI-OM、CSIRO-MK3.5 和 NCAR CCSM3 三种全球气候系统模式的预测结果进行集成,选取 IPCC 第 4 次评估报告中的三种特别排放情景(A1B、A2 和 B1)。

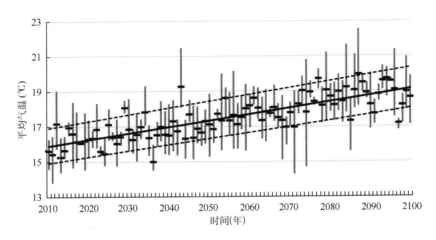

图 7.1 无锡地区 2010—2100 年的年平均气温预测(模型集成)

图 7.1 显示,无锡地区未来 50 a 的年平均气温将有显著升高,升高幅度超过 1 ℃,未来 90 年内可以达到 3 ℃,总体变暖的趋势将继续保持。

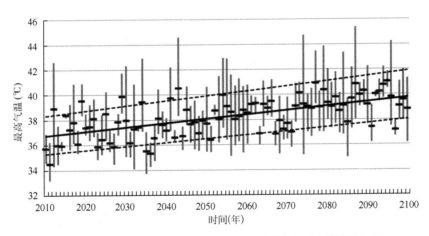

图 7.2 无锡地区 2010—2100 年的年平均最高气温预测(模型集成)

图 7.2 显示,年最高气温(日最高气温的最大值)到 2100 年前将升高 3 ℃。最高气温的升高将导致制冷耗能的增大,带来很多健康影响。

图 7.3 显示,年最低气温(日最低气温的最小值)到 2100 年前将升高 3 ℃。最低气温引起取暖耗能的峰值,从预测可以发现,在全球变暖的趋势下,这一耗能将得以减少。

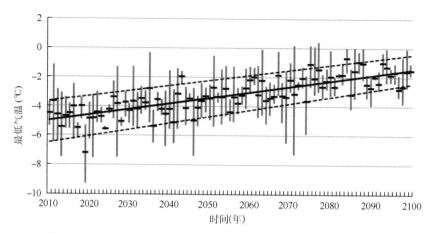

图 7.3　无锡地区 2010—2100 年年平均最低气温预测(模型集成)

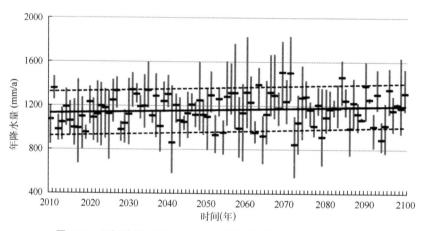

图 7.4　无锡地区 2010—2100 年的年降水量预测(模型集成)

图 7.4 显示到 2100 年前,无锡地区的年降水量将不会有显著的变化,但是会有一个略微的增大趋势。

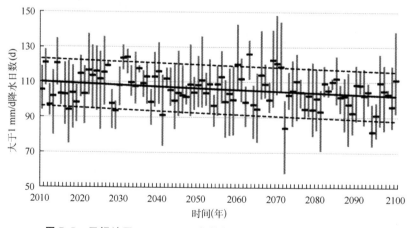

图 7.5　无锡地区 2010—2100 年的年降水天数预测(模型集成)

图 7.5 显示,未来 90 年间每年的降水日数(降水强度>1 mm/d)将进一步缓慢减少。

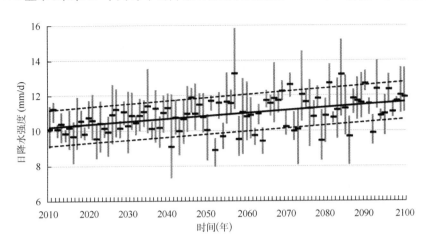

图 7.6 无锡地区 2010—2100 年的日降水强度预测(模型集成)

图 7.6 显示,到 2100 年前无锡地区的平均降雨强度将持续增强,增强幅度可以达到 20%,并且伴随着降水日数的减少和总体降水量的少量增大。

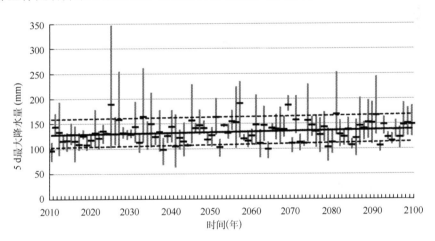

图 7.7 无锡地区 2010—2100 年的 5 d 最大降水量预测(模型集成)

图 7.7 显示,到 2100 年前,无锡地区的 5 d 最大降水量将有轻微的增大。

在模型集成环境下,通过对 2099 年前的平均气温和降水的月分布的预测值和 1961—2009 年的模拟进行比较,我们可以发现每个月的平均气温都将有升高,但总体的温度曲线将不会发生变化(详见图 7.8 和 7.9)。降水方面,根据预测发现 5 月将会取代 7 月成为每年降水最多的月份。从 1961—2009 的模拟结果中我们可以发现 4—8 月连续 5 个月的月降水量都超过了 150 mm,而在预测的结果中我们可以发现在 6 月的月降水有显著的减少。将预测结果和模拟结果同观测比较,我们可以看出气温的预测和模拟与观测记录较为吻合。降水方面,模拟的结果在 10 月至次年 2 月较观测值较低,3—9

月则略高(详见图 7.10)。

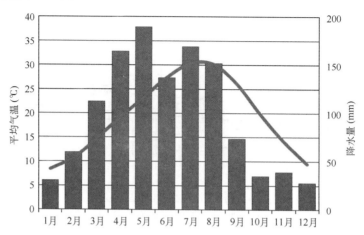

图 7.8　无锡地区 2010—2099 月平均气温(曲线)和降水预测(柱图)(模型集成)

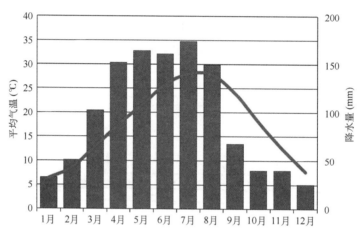

图 7.9　无锡地区 1961—2009 年月平均气温(曲线)和降水 GCM 模拟结果(柱图)(模型集成)

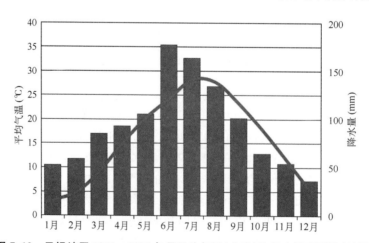

图 7.10　无锡地区 1961—2009 年月平均气温(曲线)和降水的观测值(柱图)

总体来说,到 2099 年前,无锡地区月尺度上的最高气温、最低气温每个月都会有所上升,从上升的幅度夏季要比冬季较小。这种趋势延续了 1961—2009 年观测的变化趋势。

4. 极端气候和气象灾害对无锡地区的影响及主要案例

城市是大量人口和社会财产的聚集地,为此遭受气象灾害的影响所导致的经济损失要远高于农村地区。在 IPCC 的第四次评估报告中说明了极端气候和气象灾害的影响程度决定于承灾体的暴露性和脆弱程度。并定义了风险的度量＝灾害本身的强度×承灾体的暴露度×承灾体的脆弱性。

随着气象及其相关灾害的发生频率、强度的增大,社会经济的发展,可以预见作为经济发达的城市地区的无锡正面临的灾害风险也越来越高,如果不能采取有效的减灾、防灾措施,那么灾害有可能对无锡以及周边地区的经济发展、人体健康、公共基础设施以及文化遗产造成严重的影响,导致社会经济发展的停滞甚至倒退。

无锡处于北亚热带湿润季风气候区,多冷暖空气交汇,气象灾害发生频繁,主要气象灾害有洪涝、台风、暴雨、连阴雨、干旱、寒潮、冰雹、大风、雪害、雾、高温、冻害等。

由图 7.11 可见,1991、1999、2005 和 2008 年由气象灾害造成的经济损失和受灾人数最多,2005 年受灾人数较多,但遭受的经济损失较少。造成 1991、1995 和 1999 年大量受灾人数的灾害主要是强降水和洪涝。2005 年的台风灾害和 2008 年的雪灾造成了当年较多的受灾人数。

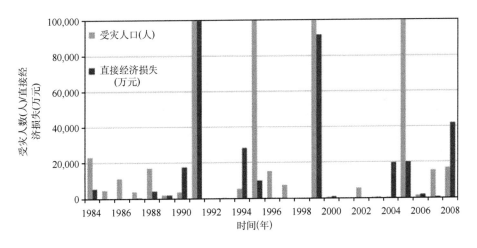

图 7.11　1984—2008 年无锡市气象灾害造成的经济总损失和受灾人数

以下列举了与无锡市相关的 9 类气象灾害,以及由中国气象局国家气候中心收集的各类灾害造成的影响和历史上典型的灾害事件。

暴雨洪涝

暴雨是危害无锡的重大气象灾害之一,无锡市年暴雨日数 2.7 d,最多的达 6 d。连续暴雨或大暴雨极易造成洪涝灾害。梅雨期是暴雨多发时期,也是洪涝灾害的主要发生期。如,1991 年无锡遭受百年未遇的洪涝灾害,梅雨量达 801 mm,7 月 16 日太湖最高水位达 4.79 m,超过 1954 年太湖最高水位(4.65 m),因洪涝全市死伤人数 126 人(其中死亡 20 人),直接经济损失 34.19 亿元,间接经济损失达 70 亿元。

台风

影响无锡的台风平均每年 1.63 个,最多年份 4 个。台风造成的影响主要是暴雨、大风。如 2005 年第 9 号台风"麦莎",无锡市普遍出现了 8 级以上大风和暴雨到大暴雨天气,15 个自动气象站中有 2 个站出现 11 级大风,突破了历史最高纪录,有 9 个站出现 100 mm 以上的降水,其中羊尖站过程雨量达到 192.8 mm。虽然对"麦莎"台风的气象预报服务非常成功到位,防御措施也提早落实,但仍造成了明显损失,全市死亡 3 人,受伤 5 人,倒塌房屋 913 间,损坏房屋 1560 间,3688 户城乡居民家中受淹,农作物受灾 8134 hm²,绝收面积 2065 hm²,受灾人口 204949 人,成灾人口 23844 人,转移 10597 人,直接经济损失 1.98 亿元。

强对流天气

强对流天气是指冰雹、龙卷、雷暴大风、飑线、下击暴流、短时强降水等对流强烈发展的天气现象,它们常相伴发生,其中冰雹、雷暴大风、飑线、短时强降水等是无锡地区重要的灾害性天气。无锡市年平均强对流天气过程约 26.7 d(雷暴日数)。如 1996 年 9 月 12 日 15 时 45 分,江阴市南闸、要塞等地出现龙卷和冰雹,持续时间 20 多分钟,房屋受损,树木折断,50 多家企业受灾。其中遭受龙卷风袭击的南闸砖瓦厂 4 人死亡,6 人受伤。2005 年 4—7 月无锡市共发生 20 次强对流天气过程,共死亡 7 人,伤 14 人,直接经济损失超过 1000 万元。

高温

无锡市全市年平均高温天数为 10 d,最多的 2003 年高温日数达 32 d。高温给人民生活和工农业生产带来很大影响,尤其是用水、用电等的需求量急剧上升,造成供需矛盾严重。持续性高温还给人们的健康造成危害,甚至危及生命。如 1988 年 7 月 4 日起连续 18 d 高温天气,持续时间之长为历史之最,全市医院收治中暑病人 800 余人,死亡达 70 余人。2003 年夏季无锡市高温最为明显,创 4 项历史新纪录:高温总天数 32 d,8 月 1 日的最高气温 40.1 ℃,7 月 29 日的日平均气温、最低气温分别为 34.9 ℃和 31.8 ℃;持续的高温天气,造成无锡供电、供水负荷连创新高;高温天热,心情烦躁,中暑、车祸病人猛增,供电线路故障增多。

连阴雨

连阴雨也是无锡市常见的一种严重气象灾害,对工业、农业、交通、仓储等行业十分不利。长时间地维持阴雨天气,不仅使农作物因水分过剩形成涝灾或湿害,同时光照不足使农作物减产。2002 年的 4 月 15 日至 5 月 15 日无锡出现了历史上罕见的连阴雨天气,雨日 24 d,小麦赤霉病发生严重,籽粒不饱满,千粒重大幅度下降,并出现早衰枯死现象,当年小麦的产量和品质明显下降。由于持续月余的阴雨低温天气,医院病人也明显增多,部分供电线路发生故障,部分居民家中进水。因降雨路面湿滑,引发各类交通事故 60 多起。

干旱

干旱是无锡市最常见的气象灾害之一,每年都有发生,一年中的任何时段都会发生,只是影响的时间和程度不同,其中宜兴地区最为严重。1994 年 6 月底出梅后到 8 月中旬持续高温少雨,出现严重高温伏旱,全市受旱面积 9.75 万 hm²,其中重旱 1.8 万 hm²,多条航道出现断航,部分乡镇企业被迫停产,宜兴太华山区人畜饮水发生困难。2005 年 3 月 29 日以后,天气持续晴好,气温明显上升,森林火险天气等级很高,同时又是清明上坟期间,4 月 1—6 日,江阴、滨湖等地先后发生山林火灾与火警 14 起,造成巨大经济损失,其中江阴云亭定山周围山林大火过火面积 92 hm²,焚毁面积 53 hm²。

寒潮

无锡平均每年发生区域性寒潮天气过程 3.1 次,最多的年份达 7 次。寒潮除了造成剧烈的降温以外,还会带来霜冻、大风、暴雪、冻雨等严重的灾害性天气,在隆冬季节遭受寒潮侵袭时,不但会造成大范围的暴雪,还会引起河港封冻,在适当的天气条件下会出现灾害严重的冻雨天气,尤其春季和秋季强寒潮影响较大。例如 1998 年 3 月 18—20 日的强寒潮天气过程,气温骤降,同时还伴有雨雪以及雷暴、冰雹等剧烈天气。寒潮天气造成江阴多处房屋被大雪压塌,3 人死亡,40 多人受伤住院;无锡市区也有 50 多人摔倒骨折。夏熟作物普遍受冻,144 万亩三麦约损失 1 亿元,早春茶产量减产 30% 左右。

大雾

大雾是无锡较为常见的危害交通安全的灾害性天气,它具有出现概率高、发生范围广、危害程度大等特点。无锡市平均每年出现大雾 34 d。当大雾弥漫时,常使飞机起降受阻、高速公路关闭、长江停航、轮渡停开,极易发生交通航运事故。2001 年 1 月 18 日 20 时前后,因大雾在阳山镇大桥发生一起重大交通事故,一辆桑塔纳轿车从桥面冲入河中,4 人当场死亡,1 人失踪,1 人受伤。1999 年 11 月无锡市共出现 6 d 大雾天气,其中 22—24 日的大雾造成市区交通事故 10 余起,江阴长江大桥上 14 辆汽车在北引桥追尾相撞,造成 3 人死亡,4 人重伤,2 人轻伤。

雷电雷暴灾害

随着经济的高速发展,自动化电子化程度越来越高,雷电产生的危害和造成的经济损失也越来越大。无锡地区属多雷暴地区,雷击灾害在无锡地区频繁发生且危害极大,无锡每年因雷击造成人员死亡 5～6 人,直接经济损失在 5000 万元以上。如 2003 年 7 月 30 日,无锡宏达机械厂因雷电感应引发爆炸造成 4 人死亡、3 人重伤。2005 年 6 月 28 日下午锡山区和滨湖区遭雷雨大风袭击,导致 1 死 6 伤,直接经济损失 25 万元;7 月 9 日下午出现的雷暴天气,滨湖区华庄镇华新村、太湖镇葛埭村各有 1 名妇女在田间拔草时遭雷击身亡。2006 年 4 月 21 日羊尖新大陆车身厂因感应雷击引发火灾,直接经济损失超百万元。

第三节 气候变化的适应性对策

城市化和气候变化是 21 世纪巨大挑战之一。目前,城市面积仅占地球表面的 1%,

但是城市中却居住着50％的地球人口（即将达到60％）。城市地区很容易受到气候变化的影响（海平面上升、干旱、极端气候事件等），尤其是沿海地区城市。在此背景下，必须采取适当的适应措施。同时，城市地区使用了大约四分之三的能源并排放80％的温室气体，因而也是减缓气候变化措施的焦点地区。

基于全球变暖，气候变化对城市带来的种种影响，《中国适应气候变化战略国家研究报告》中提出了关于城市如何适应气候变化的十点政策提议：

（1）全面认识气候变化对中国城市气候、城市生态环境与基础设施建设的影响，开展气候变化对城市发展影响的评估与规划调整工作，为未来气候变化情景下的城市规划改进与调整提供依据，选择代表性城市，规划设计在未来气候变化情景下紧凑型城市的功能区优化布局方案；

（2）调整城市生命线工程建设标准与布局，改进功能提高效率，健全城市减灾管理系统，更好地适应未来气候变化和提高承受极端天气气候事件能力；

（3）通过区域产业结构调整增强二、三产业适应气候变化的能力，提高经济效益；

（4）改进交通工程建设与运行管理、调整运输贸易布局，增强适应气候变化能力，提高经济效益；

（5）对气候变化情景下脆弱的人文景观和非物质文化遗产实施抢救与保护措施，克服气候变化对旅游业的不利影响，充分利用气候变化所带来的有利商机；

（6）全面认识气候变化对自然保护区、生态功能区、大气环境、水环境、污染治理、环境质量及标准等环境保护工作的影响，确定脆弱性和关键的环境要素与区域，编制典型自然保护区适应气候变化的发展规划并实施改造工程；

（7）在典型地区构建环境保护适应气候变化的对策与技术体系，减轻气候变化对大气与水环境的不利影响，针对西部荒漠化地区等气候变化脆弱区域实施示范工程，实现区域生态的修复与好转；

（8）在气候变化情景下节能减排的同时，降低住房建筑成本，提高人居舒适度、工作效率和生活质量；

（9）提高社区适应气候变化与应对极端天气气候事件的能力与安全水平，建设社会主义和谐社区；

（10）改善气候变化敏感脆弱返贫地区的生计，保持社会稳定，培育适应气候变化和可持续发展能力，逐步实现生态修复，加快经济发展。

1. 无锡低碳城市发展规划

全球变暖，气候变化已经是不争的事实。其中大量温室气体（以CO_2为主）的排放被认为是全球升温的罪魁。如何限制以CO_2为主的温室气体的排放正在成为国际社会面临的最严重的挑战。

其中超过30亿人居住的城市是温室气温气体排放的主要来源。虽然城市只占地球表面积的1％，但是城市中的人口却消耗了全球能源的75％，估计的温室气体排放量高达全球温室气体的80％。减少排放，增强城市适应气候变化带来的影响的能力，对于人类的社会经济发展而言变得更加重要。

无锡是中国东部沿海经济重镇。在无锡经济快速发展，人民生活水平普遍提高的同时，无锡地区的能源消耗和碳排放量也日渐增大。在全球变暖气候变化背景下，无锡地区暴露于越来越频繁和剧烈的气象灾害风险之中，其中包括洪涝、干旱、极端温度和水涝。这些气象灾害对社会、经济和生态产生负面影响，并且其相关风险和脆弱性会随着气候变化的加剧而加剧。为了适应气候变化，减缓气候变化带来的影响，变被动承受应付为主动适应，无锡开始着眼于如何走上低碳之路，成为低碳发展城市。无锡当地政府为此付出了很大的努力。

尽管无锡市单位国内生产总值二氧化碳排放由 2005 年的 0.92 t 标准煤下降到 2008 年的 0.799 t 标准煤，但是总量上升较快，全市全社会能源消耗由 2005 年的 2555.86 万 t 标准煤（对应 CO_2 的排放量为 6860 万 t）上升到 2008 年的 3509.81 万 t 标准煤（对应 CO_2 的排放量为 9420 万 t），与低碳城市的要求还有很大距离。

全社会能耗消费的产业或行业分布为工业、交通、建筑、城镇生活消费、电厂消耗和农林牧渔业，其中工业和电厂消费比重较高，在 2008 年占 94.37%。因此，无锡市要建设低碳城市，应加快低碳能源、低碳产业、低碳建筑、低碳交通、低碳生活等建设。

在政府的强烈诉求，无锡的城市特性和发展路径等因素综合作用下，无锡被由"墨卡托基金会"支持的中德合作支持项目"低碳未来城市"（综合气候和资源验证的城市发展）选为了中国的试点城市。

项目的程序如下：首先对一定无锡市地理边界内的内容进行了科学分析，包括进行城市、郊区、农村的区分，并提供土地利用信息；其次对城市内工业、商业、运输、城市供水基础设施、家庭等各部分进行分析；然后，基于城市长远目标，如 2020 年低碳城市，确定技术低碳标准（CO_2 t/m²、CO_2 总吨数、CO_2 生产单位等）和确定适当的计算方法（如建立认可的清洁发展机制项目模型）来进行无锡现状与无锡的气候变化影响和脆弱性、温室气体排放和资源利用的评估分析（图 7.12）。

项目根据无锡市政府提供的信息和数据，对无锡市的社会经济发展、资源消耗和环境以及脆弱性进行简要分析。并且在平常情况且没有任何低碳城市的措施情况下来预测评估气候变化的影响。主要包括水、能源（电力和热能发电）、建筑等。通过描述无锡二氧化碳排放和气候变化现状，来评估相关的气候变化影响和适应、减缓以及循环经济的问题。

专栏

　　低碳经济：低碳经济是一种新型的可持续发展模式，目的是为了维持全球温度升高不超过 2℃。2003 年，英国发表了能源白皮书《我们能源的未来：创建低碳经济》，这是"低碳经济"一词第一次见诸政府文件。随后,越来越多的国家在国内外各种压力下担负起国际责任,纷纷提出低碳经济发展战略或者保护气候变化的方案,如今低碳经济发展已经成为国际社会所达成的共识和认可的一种低碳排放的全球经济模式。

循环经济:循环经济是一种物质闭环流动型经济,是指在人、自然资源和科学技术的大系统内,在资源投入、企业生产、产品消费及其废弃的全过程中,把传统的依赖资源消耗的线性增长的经济,转变为依靠生态型资源循环来发展的经济。"循环经济"一词,首先由美国经济学家 K·波尔丁提出。

绿色经济:绿色经济是以市场为导向、以传统产业经济为基础、以经济与环境的和谐为目的而发展起来的一种新的经济形式,是产业经济为适应人类环保与健康需要而产生并表现出来的一种发展状态。绿色经济在发展的过程中需要是以效率、和谐、持续为其发展目标,以生态农业、循环工业和持续服务产业为基本内容的经济结构、增长方式和社会形态。

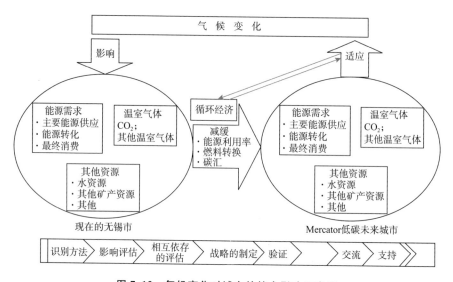

图 7.12　气候变化对城市的综合影响示意图

2. 无锡低碳经济的发展规划

低碳城市是新生的事物,无锡的低碳经济规划体现了一种全新的环境伦理观,其低碳城市的建设规划具有一定前瞻性和先进性。在规划实施过程中坚持以科学发展观为指导,强调规划的可操作性。低碳发展规划正确地处理了环境保护与经济发展和社会进步的关系,使得低碳经济成为无锡地区经济增长的新契机。低碳发展紧紧以市场为导向,以企业为主体,在政府的调控下创新了碳减排机制,充分发挥市场配置资源的基础作用。

发展低碳经济是涉及社会全行业的,需要社会中的每个企业、每户家庭都通过自己的努力,积极地参与。

大力发展低碳农业与碳汇建设

一方面加快推广低排放、高产量的低碳农业技术,形成低碳型现代农业生态体系,努力控制农业温室气体的排放;另一方面通过植树造林、退耕还林还草、天然林资源保护、农田基本建设等政策措施和重点湿地工程建设来加强无锡地区的碳汇建设。

构建以低碳经济为特色的现代产业体系

在经济高速发展的同时,无锡市能源消费和碳排放水平较前期水平明显增长,碳排放所产生的气候影响日益显著。为了缓解环境压力和满足国家发展低碳经济的要求,无锡克服了能源供给结构、碳排放强度、碳贸易壁垒、高碳产业结构等多方面的约束,通过对政策体系、产业体系、生产技术、供给模式和贸易方式等几方面的低碳化调整,加快低碳经济的发展,促进低碳城市的建设。

发展低碳交通

低碳城市的建设包括了低碳产业、低碳建筑、低碳交通、低碳能源、低碳生活等多个方面,其中低碳交通也是其中一个极其重要的方面。近年来随着经济社会持续快速发展和城市化速度加快、机动化水平提高,带来了交通能源消耗和二氧化碳排放量的急剧上升,建设低碳交通更加必要。为了建成低碳化的城市交通系统,实现无锡市低碳交通目标,无锡市加强了公共交通的建设,并且协调和衔接各种交通方式,加强科技创新和制度层面的创新,进一步优化了综合的交通体系,通过政府的引导和市场的推广促进无锡市的低碳交通的建设。

发展低碳型建筑

建筑是温室气体排放的主要来源之一,而发展低碳建筑就是指在建筑材料与设备制造、施工建造和建筑物使用的整个生命周期内,减少化石能源的使用,提高能效,降低二氧化碳排放量。这已经成为国际建筑的主要潮流。为此,无锡贯彻落实了《民用建筑节能条例》(国务院令第 530 号)、《江苏省建筑节能管理办法》,制定了具有地方特色的《无锡市民用建筑节能管理办法》。并进一步加大了建筑节能监管力度,从工程立项到竣工验收备案和销售许可,各相关部门应加强协调、创新管理方法、严格把关,确保了建筑节能的各项工作落实到位。此外,无锡还进一步加强了建筑节能技术体系和低碳建筑技术体系的研究;加快了推进既有住宅、机关办公建筑和大型公共节能改造;推进了可再生能源在建筑中的规模化应用。

发展低碳型消费

推广低碳消费也是促进低碳城市建设的一个重要环节。首先要大力宣传低碳消费的重要性,建立正确的城市居民消费导向机制,正确引导居民的消费观念,为降低居民生活碳足迹提供政策支持,并且培养居民的低碳消费意识。政府还通过制定低碳消费的奖励机制来刺激居民的低碳消费。

调整提升新能源产业

新能源产业具有资源丰富、无污染、安全、发电运行无燃料等特点,近年来已成为全球低碳经济发展的新兴热门产业之一。无锡当地的光伏产业,风电产业和生物质能产业是无锡具有优势的三大新能源产业,具有良好的发展势头。但是如何拉动国内市场需求,提高企业的创新能力,提高国产化设备的质量和技术标准是无锡继续发展新能源产业所要攻破的瓶颈。

除了大力发展实体低碳经济,建立和发展碳排放交易市场是无锡发展低碳经济的一大创新机制。

专栏

国际市场碳排放交易

国际温室气体(碳)排放权市场按交易类型可以划分为项目交易市场和配额交易市场两种,以项目为主的市场,主要以清洁发展机制项目(Clean Development Mechanism,CDM)和联合履行机制项目(Joint Implementation,JI)为主要交易形式。两种形式都是由主要发达国家和企业购买具有额外减排效应项目所产生的"减排量",用以抵消其在《京都协定书》规定限额内温室气体的排放量。以配额为主的温室气体排放市场主要由欧盟排放权交易方案(EU ETS)、美国芝加哥气候交易所的减排计划、2009 年生效的美国地区温室气体减排计划(RGGI)等区域化的市场构成。在配额交易市场中,主要采用总量管制和排放权交易的模式。

近年来,温室气体排放(碳)权交易市场发展很快,据世界银行和国际排放贸易协会(IETA)的统计,全世界碳权市场交易总额已经由 2005 年约 110 亿美元,增加到 2008 年的 1260 亿美元,是 2005 年的 10 倍多,增长迅猛。其中,基于配额的交易占据了绝对主导的地位,在 2008 年,基于配额的市场交易额为 920 亿美元,占全部碳交易总额的 74% 左右,基于项目的交易成交金额为 72 亿美元。随着国际社会对碳排放达成共识及国际合作的不断强化,碳交易机制将不断完善,交易规模也将快速增长,并对中国也将产生深刻的影响。

成套的碳交易实施方案在中国尚未建立和完善,其中的监控体系、技术支撑体系尚未形成,减排违法成本低廉,排放指标供求关系尚未理顺。因此,无锡在建立碳排放交易所的时候进行了很多的准备工作,包括:对碳交易制定详细的法规、初始碳排放的分配、许可证的获得、许可证的交易、受影响污染源的范围、监测的要求、超许可排放的处罚等。

为了促进和保障整个碳交易市场的运作,无锡市建立和完善碳排放的法律、法规和管理体制,在法律上明确了交易的属性,并且完善了交易所的电子交易平台,降低了交易成本。无锡本着普适性与针对性相结合,完善减排权指标的选取,明确了分配的原则,在对碳排放的监测工作和信息公开上做到公平、公正、公开,通过有效的奖惩手段来解决经济发展和有限二氧化碳排放总量之间的矛盾。

为了彻底地落实规划,建设低碳城市,无锡市在以下工作中付出了极大的努力:

(1)加强组织领导,科学规划决策,健全工作机制,确保建设低碳城市的组织保障;

(2)强化舆论宣传是让民众了解发展低碳经济必要性的主要方式,加强立法执法,确保低碳城市建设过程不偏离法治的轨道;

(3)完善经济政策,充分利用市场这个无形的手去进行调控,促进个体的生产、生活方式的低碳化;

(4)加大政策的扶持,推动技术革新,攻克共性的低碳技术,提高低碳经济的效率;

(5)严格责任的考核,完善评价考核体系,使得参与低碳建设的各部门、企业、高校研究人员可以各尽其职,各司所长;

(6)加强区域合作与国际交流,包括与德国城市的友好交流,从而扬长避短更为有效地建设低碳城市。

此外,无锡在低碳城市建设规划中设定了两个中长期目标:

(1)到 2015 年,无锡市应初步形成政府主导、企业主体、社会参与的低碳城市;

(2)随着以低能耗、低排放为标志的低碳经济的发展,到 2020 年,全市单位国内生产总值二氧化碳排放比 2005 年下降超过 50%,无锡市初步建立了良好的自然生态、高效的经济生态、文明的社会生态体系,以绿色经济为特色的现代产业体系基本确立,永续利用的资源、环境保障体系基本形成,节能减排的激励约束机制基本完善,全社会生态文明意识普遍增强,生态环境显著改善,力争使无锡市成为全国低碳经济示范城市。

虽然已经确定了无锡市低碳发展的路径,但是从情景到行动,无锡的热电行业、建筑业、交通业、工业等各行业的低碳发展仍然面临各种挑战,这就需要明确重点行业内部及跨行业的需求及挑战,以做出应对挑战的可能措施。

小结

日渐加速的城市化和愈演愈烈气候变化正是人类将要面对的两个巨大挑战。城市化进程成为造成气候变暖的人类活动的一个主要因素。城市气候是在区域气候背景上,在人类活动影响下而形成的一种特殊的局地气候。城市的气候特征可归纳为五岛效应——热岛、浑浊岛、干岛、湿岛和雨岛。"五岛"效应对城市环境和人体健康都有极大的影响和危害,尤其一些城市化程度高,人口密集的地区。

长江三角洲地区是中国城市化程度最高的地区。作为该地区代表城市的无锡市地区,在其经济快速发展、人民生活水平普遍提高的同时,能源消耗和碳排放量也日渐增大。在以全球变暖为特征的气候变化背景下,无锡地区的气候条件在过去的 50～60 a 内已经发生了变化,未来仍将会有更为明显的变化,无锡地区暴露于越来越频繁和剧烈的气象灾害风险之中。为了适应气候变化,减缓气候变化带来的影响,变被动承受应付为主动适应,无锡开始着眼于如何走上低碳之路,开始制订低碳发展城市发展规划,力争到 2015 年,无锡市应初步形成政府主导、企业主体、社会参与的低碳城市;并随着低碳经济的发展,到 2020 年,全市单位国内生产总值二氧化碳排放比 2005 年下降超过50%,使无锡市成为全国低碳经济示范城市。

参考文献

Becker S,Gemmer M,Jiang T,2006. Spatiotemporal analysis of precipitation trends in the Yangtze River catchment[J]. Stochastic Environmental Research and Risk Assessment,**20**(6):435-444.

Gemmer M,Becker S,Jiang T,2004. Observed monthly precipitation trends in China 1951—2002[J]. Theoretical and Applied Climatology,**77**(1-2):39-45.

IPCC,2007. Climate Change 2007-The Physical Science Basis,Contribution of Working Group I to the Third Assessment Report of the IPCC//S Solomon,Qin D,et al. ,eds[R]. Cambridge:Cambridge University Press:996.

Piao S,Ciais P,Huang Y,et al. ,2010. The impacts of climate change on water resources and agriculture in China[J]. Nature,**467**:43-51.

Su B,Gemmer M,Jiang T,2008. Spatial and temporal variation of extreme precipitation over the Yangtze River Basin[J]. Quaternary International,**186**(1):22-31.

Zhang Q,Gemmer M,Chen J,2008. Climate changes and flood/drought risk in the Yangtze Delta,China,during the past millennium[J]. Quaternary International,176-177:62-69.

Zhang Q,Jiang T,Gemmer M,et al. ,2005. Precipitation,temperature and runoff analysis from 1950 to 2002 in the Yangtze basin,China[J]. Hydrological Sciences,**50**(1):65-80.

长江三角洲气候变化影响的减缓对策

朱德明　司晓磊（江苏省环境保护厅）

引言

　　气候变暖在中国沿海地区表现最明显,长江三角洲位于长江和黄海、东海的交界处,是受全球气候变化影响最大的地区之一,在全球气候变暖大背景下,极端天气气候事件发生频率和强度在明显增大,部分地区水资源短缺加剧,水环境污染加重,自然生态环境变差,海平面持续上升,区域经济和社会发展将受到严重威胁。由于海平面上升引起的海岸侵蚀、海水入侵、土壤盐渍化、河口海水倒灌等问题,对长江三角洲地区应对气候变化提出了现实的挑战,更重要的是,长江三角洲今后仍将保持较高的经济增长速度,城市化、工业化、国际化的步伐继续加快,因此,应对气候变化,除了考虑地理位置、光照、温度等自然因素外,也要积极调整发展方式、产业结构、能源结构、消费模式等社会经济因素,来主动适应不断变化的气候条件,对排放进行限制和降低,并最终使温室气体浓度在大气中的增长得到逆转。

第一节　选择和发展低碳经济

　　虽然当今中国的 CO_2 排放量较大,但是在中国现有的经济发展水平和技术条件下,与发达国家在工业化和经济快速发展时期的经济增长与能耗状况相比,中国已做到了以较低的能源消费增长速度和较低的 CO_2 排放增长速度支持了经济的高速增长。1997年中国 CO_2 排放量是 $8.17\sim8.53$ 亿 t 碳,人均 CO_2 排放量为 0.7 t 碳,仅及世界平均水平的 66%。据估算,即使到 2030 年中国的人均 CO_2 排放量只有 $0.756\sim1.337$ t,仅相当于 1990 年的世界平均水平。中国作为发展中国家,在温室气体减排方面采取了一系列政策措施,做出了应有的贡献(胡初枝 等,2008)。

长江三角洲地区是中国经济高速发展地区,城市化和工业化促进了长江三角洲地区的经济腾飞,但也引起了人口和燃料消耗剧增等问题,大量温室气体被排放,从而加剧了长江三角洲的大气污染和气候环境变化。长江三角洲已成为中国最主要的痕量气体排放区,矿物能源的使用导致了大气层中二氧化碳和氮氧化合气体的增多,从而使地球表面平均温度逐年增高,导致生态平衡改变。

大气中能产生温室效应的气体中,二氧化碳起重要的作用。从长期气候数据比较来看,气温和二氧化碳浓度存在显著的正相关。由于温室气体浓度的不断增多,过去 50多年来,长江三角洲地区的气温也在持续升高,特别是 20 世纪 80 年代中期开始,变暖趋势越加明显,20 世纪 90 年代上海、南京、杭州三地的年平均气温较 50 年代上升了 0.9℃,年平均最高气温上升了 0.6 ℃,年平均最低气温上升 0.9 ℃;对气候变暖贡献最大的在冬季,90 年代冬季平均气温和平均最低气温较 50 年代上升了 1.1 ℃,冬季平均最高气温上升 1.0 ℃。

1961—2005 年,长江流域全流域年平均气温呈明显升高趋势,长江流域自 1991 年以来,升温趋势最为明显。长江流域源头、嘉陵江流域北部和长江流域干流中下游升温趋势最为明显。未来长江流域年平均气温变化趋势主要根据 3 种温室气体排放情景,即 SRES-A2(高排放)、SRES-A1B(中等排放)和 SRES-B1(低排放)进行预估。三种排放情景下,21 世纪前 50 年长江流域年平均气温均呈显著升高趋势,但在 2010 年之前增温并不明显。A2 情景下,除 2009 年年平均气温有所降低(比 1961—2000 年的年平均温度降低 0.14 ℃),其余年份持续变暖,变暖幅度在 0.22～1.98 ℃;A1B 情景下持续变暖,升高幅度为 0.02～2.13 ℃;B1 情景下气温升高幅度在 0.15～2.04 ℃。长江流域中下游地区年平均气温升高幅度低于上游地区。

21 世纪长江流域升温的结果,将造成降水的极值事件可能频繁发生,长江流域再次发生相当于 1870、1954 和 1998 年的千年、百年和 20 a 一遇的洪水的概率增大,甚至可能发生超过上述频率的特大洪水。气温升高造成水循环加快,在变暖的 20 世纪,已经观测到大洪水频率是增大的,而在 21 世纪,灾害性天气导致的大洪水和干旱的强度和频率都会持续增大。

温室气体排放控制表面上是控制 CO_2 等的排放,但实际是控制源头,转变传统的发展方式,转变高投入、高消耗、高污染、难循环、低效益的粗放型增长方式。低碳经济的实质是高能源效率和清洁能源结构问题,核心是能源技术创新和制度创新。低碳经济与目前中国落实科学发展观、建设资源节约型和环境友好型社会、转变经济增长方式的本质是一致的。中国二氧化碳排放增长的主要驱动力在于以煤为主的能源结构、庞大的人口基数、快速工业化和城市化进程、国际贸易分工中"世界工厂"的地位等。虽然单位产品的能耗不断下降,但技术进步具有双重性,产品消费数量的增加也导致能源消费总量的增加。中国"十一五"规划中提出单位国内生产总值能耗下降 20% 的目标,就是走低碳经济道路的一项重要举措。发展低碳经济是实现低能耗高增长这种经济增长模式的一个重要选择,即是实现社会经济可持续发展的重要选择,而且低碳经济发展特征是从依靠资源和能源消耗向依靠科技进步和智力投资转变,是符合可持续发展的全新经济发展模式,可以节约资源、节能减排、转变经济增长方式,实现新型工业化道路。再者发展低碳经济是实现循环经济发展理念(减量化、再利用、资源化)的有效方式。最后从全球经济格局来看,低碳经济已经成为世界经济发展的新趋势,它带来贸易条件、国际市场、技术竞争力的比较优势,由此引发世界经济格局的转变。若继续发展具有资源优势的高碳经济也就变成了市场劣势经济,就可能被时代所淘汰。

在政府各种政策的推动下,长江三角洲企业的"低碳"意识大大加强,低碳经济正在一些企业中真正践行,越来越多的企业尝到低碳经济带来的甜头,实现节能减排,全球知名咨询公司麦肯锡对全球企业的低碳经济发展积极性进行一项抽样调查,长江三角洲企业对低碳经济发展的认知度最高,61%的受调查企业认为发展低碳经济将给企业带来机遇。长江三角洲地区可以从以下几个方面来促进低碳经济的发展(庄贵阳,2007)。

一、将温室气体控制纳入区域经济社会综合考核评价体系

在控制废气排放指标中,目前仅是工业废气、SO_2 等传统指标,而且也仅仅是浓度控制,只要达到排放标准就行,没有实行总量控制。即使到"十一五"规划末,国家开始实施节能减排战略,也仅考核单位国内生产总值的能耗,或者是 COD 和 SO_2 的削减率,指标单一。由于温室气体没有纳入国民经济核算体系,因此,地方政府甚至是企业单位都没有花精力来削减影响气候变化的温室气体。要改革现行的国民经济考核体系和节能减排考核指标,考核地方行政首长不仅要看经济指标,还要看资源能源的消耗指标、环境质量改善的指标和温室气体控制指标。促使地方政府和企业单位去追求改善质量、提高效益、节约能源、减少污染、改变传统的生产和消费模式,实施清洁生产和文明消费(方陵生,2007)。

二、调整产业结构和经济结构

目前,长江三角洲产业结构调整进入了极佳的发展机遇期,从所处的经济发展阶段来分析,人均国内生产总值已步入 6000～8000 美元这个经济已经起飞和结构迅速变化的阶段,是产业结构优化升级的战略转换时期,是转变经济发展方式,实施可持续发展的有利时机。从国际上产业发展的规律来分析,产业结构大约每 20～30 a 发生一次重大变革,产业层次进入一个新的发展档次,而长江三角洲正好有 20～30 a 的改革发展历程和成果。

超前考虑产业升级换代。目前,长江三角洲地区都将化工行业作为本地区的支柱产业,基本形成重化工的趋势,不仅造成产业同构,影响产业竞争力,同时也对资源环境产生压力。因此,要减缓气候变化影响,必须超前考虑向其他地区扩展业务,实施向外扩张的战略措施。

超前考虑培育新的增长极。在政府主导经济发展模式的情形下,由于政府信息来

源的趋同性,使得各地政府的产业决策方面也存在趋同性。随着资源配置格局的全球化趋势加剧,生产要素流动会更加畅通,哪个地区的产业成熟度高、要素的集聚效应就大,其产业结构的升级转换就快。"人无远虑,必有近忧。"应当率先、提早考虑并致力于新的核心竞争产业的培育和开发,激活区域内资源和创新能力,抢占先机,在依托区位条件、资源禀赋等优势的基础上,力图构筑新的发展趋势,提升综合竞争力。

超前调整产业结构。中国在总的碳排放量中,第一产业、工业、建筑业、交通运输邮电业、批发等服务业、其他服务业碳排放所占比重分别约为 2.5%、80%、1%、5%、1%、10%左右,其中工业碳排放占最大比重,为 71%～84%,并且有不断上升趋势。经济结构优化能降低碳排放,是减少碳排放的有效手段。调整产业结构就要大力发展低碳性质的产业,如第三产业和高新技术产业,特别要大力发展环保产业。长江三角洲地区的环保产业发展起步较早,曾一度成为区域支柱产业,环保产业产值曾占到全国总量的2/3。随着可持续发展战略的广泛实施,环保产业的前途一片光明。不仅是满足石油、化工、冶金等污染产业对环境保护设备特殊需要的重要途径,也是产业结构调整、发展经济的一部分。要采取措施,确立环保产业在社会经济中的优先发展地位,充分发挥政策对环保产业发展的引导和推动作用,加快建立环保科技产品开发、先进适用技术推广和环保科技示范工程,切实规范环保市场运行。要重点扶持宜兴、常州和苏州等国家级环保园区和产业基地的建设,积极发展水污染防治技术装备制造业、环保服务业、自然生态保护、废物循环利用等重点领域。

超前调整第二产业内部结构。对那些单位 GDP 碳排放量大,并且碳排放减少速度比较慢的工业行业,如石油加工及炼焦业、电力、煤气及水的生产和供应业、采掘业等,应限制其发展,鼓励发展碳排放小且随着 GDP 的增加,碳减少较快的工业行业,如皮革、皮毛、羽绒及其制品业,机械、电气、电子设备制造业,医药制造业等。

超前调整产品结构。实现多样化,增加市场有效供给,适应多元化消费需求结构。重点发展中、高档产品。调整企业结构,实现大型企业集团化,中小企业特色化,企业经济类型多元化。调整技术结构,加快技术进步与技术创新,逐步推进技术与装备现代化。重点开发高强度、高效率、低污染的生产技术(谭丹 等,2008)。

三、调整产业布局

超前考虑调整产业的区域布局。从现实情况分析,长江三角洲开发在局部地区已经出现"超载"现象,有的已经超过了经济和环境的承载能力。因此,必须超前考虑好产业的区域转移,有许多类似产业可以向其他转移。

超前优化环境空间布局。让开发成本低,资源环境容量大,发展需求旺盛的地方承担高强度的社会经济活动,生态价值高、开发难度大的区域则更好地承担生态维护功能,从而在空间上协调经济发展与生态环境的矛盾。要继续加快内部结构调整。要坚决淘汰规模以下的污染企业或生产线,减少低档次产品生产能力。

第二节　清洁发展机制发展情况

专栏

　　清洁发展机制(Clean Development Mechanism,简称CDM):是为了应对全球气候变暖,基于《京都议定书》框架下,为降低全球温室气体减排成本,促进发展中国家可持续发展的一种温室气体减排机制。发达国家通过提供资金和技术的方式,与发展中国家合作,在发展中国家实施具有温室气体减排效果的项目,项目所产生的温室气体减排量(CER),用于发达国家履行其在《京都议定书》下的温室气体减排义务。由于利用清洁发展机制获得减排量的成本远低于其采取国内减排行动的成本,发达国家可以大幅度降低其实现议定书下减排义务的经济成本。发展中国家则可以获得额外的资金和(或)先进的环境友好技术,从而促进本国的可持续发展。清洁发展机制是一种双赢机制。其实质是经济学中的"排污权贸易",交易对象是"经核证的减排量"(CERs)。

　　清洁发展机制是发达国家与发展中国家之间的合作。发达国家与发展中国家合作应对气候变化,以项目为合作载体,发达国家通过提供资金和技术的方式与发展中国家开展项目级的合作。通过项目所实现的"经核证的减排量"(CERs),用于发达国家缔约方完成在议定书第三条下关于减少本国温室气体排放的承诺。

　　截至2007年底,全球共有2041个清洁发展机制项目在"气候变化框架公约"网站上公示,其中685个项目已经成功地通过清洁发展机制执行理事会(EB)注册为清洁发展机制项目,此外还有125个项目已进入注册流程。这些项目的项目设计文件(PDD)中给出的截至2012年的减排量总数已超过20亿t(陈翌爽 等,2006)。

一、中国清洁发展机制发展

　　自2004年11月起,中国政府依据《京都议定书》的有关规定及《管理办法》受理清洁发展机制项目,已批准项目数稳步增长。截至2008年3月底,中国清洁发展机制项目国家主管机构(DNA)共批准1197个清洁发展机制项目,预计年减排总量约2.7亿t CO_2。截至2008年3月底,中国清洁发展机制项目共有185个在执行理事会成功注册,占中国清洁发展机制项目国家主管机构批准项目数的15.46%。2006年6月26日,我国第一个清洁发展机制项目内蒙古辉腾锡勒风电项目在执行理事会注册成功。此后,中国在执行理事会成功注册的清洁发展机制项目数量呈整体上升趋势。

从中国政府批准的清洁发展机制项目数量上来看,清洁发展机制项目以可再生能源类项目为主。截至 2008 年 3 月底,共批准 854 个可再生能源项目,占项目总数的 71.35%,预计年减排量约为 93835 kt CO_2,占预计年减排总量的 34.92%。

在可再生能源项目领域中,中国政府已批准的清洁发展机制项目主要是水电和风电类项目。截至 2008 年 3 月底,共批准 627 个水电项目,占项目总数的 52.38%,共计年减排量为 62906 kt CO_2,占年减排总量的 23.79%。水电项目以径流式发电项目为主。共有 180 个风电项目获批,占项目总数的 15.04%,共计年减排量为 19797 kt CO_2,占年减排总量的 7.37%。

中国的二氧化碳排放量居世界第二,中国成为减排潜力最大的发展中国家。联合国统计,2006 年全球碳交易的交易额超过 250 亿美元。清洁发展机制背后蕴藏着巨大商机,交易价格逐步提高。专家估计,到 2012 年,中国向发达国家供应的清洁发展机制项目可以占到全球的近 50%,温室气体减排量转让收益能达到数十亿至百亿美元以上。现在很多企业已通过执行清洁发展机制项目,和发达国家签订温室气体减排量协议,获得了实实在在的利益。例如世界银行与江苏的两家化工企业 2006 年在京签署协议,以 7.75 亿欧元巨资向这两家企业购买温室气体减排量;2007 年,英国气候变化资本集团与浙江巨化集团签署了协议,将从中国购买 2950 万 t 二氧化碳排放信用额,预计届时在欧洲碳市场转让,其价值达 4 亿英镑(7.46 亿美元)。

中国清洁发展机制项目发展总体状态良好,但中国政府管制审批制度较为严格,程序复杂,清洁发展机制项目开发速度与其他国家相比还较慢,能源类项目数量虽有上升,但总年平均减排量少,所占国内比重较小,HFC-23(三氟甲烷)和 N_2O 分解项目经核定的减排量占比重过大。中国政府应积极引导鼓励能源类、垃圾填埋气类、能效提高和燃料转换类等,对中国经济、社会和环境改善贡献较大的项目的开发。简化审批程序,提高工作效率,对那些对区域可持续发展有突出贡献的能源类项目应给予资金和技术援助。政府部门还应统一监管国内清洁发展机制项目交易市场,防止经核定的减排量出售价格过低,避免内部竞争,提高国际竞争力,抓住清洁发展机制的机遇,积极引进发达国家的资金和技术,促进我国经济、社会和环境协调与可持续发展(高海然,2008;申红帅 等,2007)。

二、长江三角洲清洁发展机制项目发展

长江三角洲地区一直重视经济和环境的可持续发展,大力推进清洁发展机制工作,截至 2008 年 6 月,江苏省已有 45 个项目获中国政府注册,占注册总量的近 30%,有 5 个项目获联合国气候小组签发,占中国签发总量的 12%;从换取的减排总量来看,浙江省占全国的 20%,位居第一,江苏省占全国的 17%,位居第二。

中国清洁发展机制项目累计签发量超过 1000 万 t 的项目有:浙江巨化股份有限公司第 2 个 HFC-23 分解项目;山东中氟化工科技有限公司 HFC-23 分解项目;江苏常熟三爱富中昊化工新材料有限公司 HFC-23 分解项目;江苏梅兰化工股份有限公司 HPC-23 分解项目;山东东岳 HFC-23 分解项目;浙江巨化 HFC-23 分解项目。

第三节　倡导生态消费引导公众参与

生态消费的基本内涵是：在确立人与自然和谐、协调的思想意识基础上，提供服务及相关产品以满足人类的生活需要，提高人类生活质量，同时使自然资源的消耗和有毒材料的使用量最少，使服务或产品在其生命周期内产生的废物和污染物最少，从而不危及后代的需要。

生态消费已成为世界各国共同发展的战略选择。生态消费对经济的可持续发展的作用机制在于它对经济具有导向作用。消费行为会引导生产行为。例如如果没有一次性物品的消费，就绝不会有一次性物品的生产。如果每一个消费者都能自觉地抵制一次性物品的使用，那么任何一家企业就绝不会有一次性物品的生产。整个社会就会减少资源消耗，减轻环境污染，就有利于可持续发展。生态消费的开展将有利于世界各国建立可持续的生产模式，减缓生态环境的破坏速率，把经济发展对环境的不利影响控制在地球承载力的范围之内。

长江三角洲地区可以通过倡导生态消费来减少温室气体的排放，降低环境污染，减缓气候的变化。减少二氧化碳排放并非完全是技术上的事情，改变我们日常生活中的一些习惯也是有效的途径之一，但改变并非那么容易。比如，空中旅行和空中运输是二氧化碳加速增加的一个世界性因素；许多人为了方便，喜欢自己开车而不愿乘公交车；家庭的电视机越造越大等。气象专家秦大河就提出，面对气候变化威胁，市民能做的就是"绿色消费"，推行节能减排，能有效地减缓地球升温。只有全民省电、省气、省煤、省水，才能有效地推进绿色生产、绿色生活。比如说，能乘公交车时就不要动用私家车；衣服能用手洗的时候，就不要用洗衣机；使用较高效率的家用电器；购买和使用再生纸以及分类存放可回收利用生活垃圾等。

一、树立生态消费意识，促进消费观念和消费行为向生态消费方向转变

以可持续发展战略为指导，政府通过宣传、教育等方式培养和强化人们的生态消费意识，并以此作为生态消费经济体系的基石。引导人们树立为消费支付环境成本的意识，使之负起和履行保护环境与生态的责任和义务，在消费活动中尊重自然价值，维护生物权益，追求人与自然的和谐共处。引导消费者走出唯物质享受、纵欲主义的怪圈，采纳节制欲望的适度消费，尊重自然的生态消费，使其更注重精神、文化等社会需求的满足，并内化在自身的价值观念体系之中。把消费方式的变革，经济增长模式变革、价值观念的变革同步进行，开展一场深刻的消费方式革命，实现生态型消费模式，真正迈向可持续的发展目标。

加强生态、环境保护的宣传教育，不断提高全民的生态、环境保护意识和参与能力。近年来，随着政府和社会团体不断开展对全球气候变化相关问题的宣传教育，气候变化问题被越来越多的公众所熟悉，公众对全球变化问题的意识开始形成。但大多数公众

对气候问题尚处在一种朴素的关心,对气候变化给人类带来的威胁还没有深刻的认识,还没有树立起可以支配人们行为选择的、有利于适应和减缓气候变化的社会公众意识。目前对气候变化问题的宣传手段还比较单一,在今后有关全球气候变化知识的宣传中应注意宣传手段的多样化和各种手段的综合运用,结合不同地区和不同的公众群体,组织不同知识层面的宣传教育活动,使关于全球气候变化的宣传教育具有较强的针对性,强化宣传效果。在中小学和大学增加气候与环境变化教学内容,利用各种媒介广泛宣传和普及全球气候变化知识,有助于提高公民保护全球环境和气候的意识,引导公众建立减少温室气体排放的生活方式和消费模式。

二、从可持续发展战略的高度来培植长江三角洲地区生态产业

推进生态消费,必须生产大量的物美价廉的生态消费品来供人们消费。因此,大力培植生态产业,生产更多的生态消费品,是推进生态消费的关键问题。为此,应做好以下几项工作:

根据国家环境质量标准制定各种法律、法规,在长江三角洲地区严格实行有利于环境保护的产业政策。从而形成生产生态产品的市场氛围,使生产生态产品的技术不断升级,产品数量不断增多,质量不断提高。

对长江三角洲地区生态产业的范围、内容和发展方向等基本问题进行研究和组织协调,进一步明确生态产业的边界,建立相应的行业管理体制。制定本部门或系统内生态产业的发展规划和管理措施,制定统一的技术政策,采用统一的技术标准。

在工业品的生产方面,要着力抓好以下四个环节:一是用可持续发展的观念和强烈的环保意识指导生态产品的开发设计;二是围绕生态产品的生产,大力改造和创新工艺流程及技术设备,实现清洁生产;三是提高资源综合利用率,搞好资源的回收工作,降低资源的流失率,减少污染物排放量;四是抓好商品的合理包装,使包装既能满足商品运输、储存、销售的需要,又能节约资源,符合环保要求。

在农产品的生产方面,应注意抓好以下两个环节:一是运用生态经济学、系统生态理论和中外实践经验,推动生态农业的发展,促进物质与能量的科学转化;二是要科学合理地使用农药、化肥,千方百计地降低其在农产品中的残留量,使之符合国际卫生标准(张伟,2003)。

三、疏通流通渠道,构建长江三角洲地区生态产品市场网络

在市场经济条件下,任何产业的建立与发展都离不开完善的市场体系。大力疏通流通渠道,构建生态产品市场网络,是促进生态产品生产,满足消费者需求的基础性工作。构建生态产品市场网络应从以下两个方面入手:

准确选择目标市场与市场定位,努力树立生态产品的品牌形象。要想让生态产品顺利进入消费市场,就必须首先选择好生态产品的消费群体和目标市场。据调查,高收入家庭、知识分子家庭、青年人家庭、孕期妇女、成长期儿童是中国生态消费品的市场主体。开拓生态消费品市场,应把高收入家庭、知识分子家庭、青年人家庭作为重要目标,

逐步向其他社会阶层扩散，使中国生态消费品市场逐步发展壮大起来。

加强流通渠道建设，从占领中外市场的视野构建生态产品流通网络。首先，选择短渠道与长渠道、宽渠道与窄渠道相结合的多渠道系统，来组织生态产品的流通。短而窄的渠道（如专卖店）更有利于直接吸引消费者，更有利于引导其对生态产品的需求。长而宽的渠道能够扩大市场覆盖面和市场占有率，有效解决生态产品的普及问题。其次，通过专业化与大众化相结合的方式构建生态产品流通网络。以专卖店或门市部为主的专业流通渠道，主要针对某些特定消费群体，如高收入家庭。通过对特定群体的特定服务，树立生态产品的市场形象，逐步影响大众消费者。然后再进一步将生态产品推向大众市场，使更多的消费者接受。再次，建立一种以贸易为导向的工贸结合、农贸结合、农工贸相结合的大型流通企业。从而向中外两个市场建立流通系统，以适应中国加入世界贸易组织新形势的要求。

四、加强长江三角洲地区市场管理，确保生态产品的质量和信誉

在生态产品逐步被人们接受及市场走俏的情况下，少数不法分子施展假冒伪劣手段，以假乱真，牟取暴利。这不仅危及广大人民群众的身体健康，而且严重损害了生态产品的信誉，对推广生态消费极为不利。为此，必须加强市场管理，以维护生态产品的质量和信誉。首先，长江三角洲地区有关管理部门应从生产、流通两个环节入手，加大质量监督和打假力度，坚决取缔假冒伪劣产品。其次，搞好行业自律工作，加强行业内的自查自纠，使各个生产经营者都能自觉遵守国家的技术、环保、质量标准。

第四节　综合应对气候变化和全球金融危机下的减缓对策

一、正确认识和评价气候变化对长江三角洲自然、环境、资源和社会、经济等各个方面的影响，增强危机感和责任感

长江三角洲处于改革开放的前沿，沿海地区地势较低，更容易受到气候变化的影响。从经济社会发展情况来看，目前，长江三角洲地区正处于工业化、城市化的加速期，处于需要大量消耗资源的重化工发展阶段和基础设施建设高峰期，资源和环境问题日益凸显，已成为社会经济发展的约束条件。在当前能源需求增长加快，能源约束矛盾不断加大的形势下，资源和能源消耗会急剧上升，释放到大气中的 SO_2 等温室气体的排放也将明显增加。如果继续沿袭以"高投入、高增长、低效益"为特征的传统经济发展方式，随着时间的推移，资源难以支撑、环境难以承载。因此，必须树立以人为本，全面、协调、可持续的发展观，以建设节约型社会为基础，以发展循环经济为目标，科学认识和正确处理速度和结构、质量、效益的关系，大力推进节能技术的创新和应用，大力发展节能产业，提高能源综合利用率，并从有利于可持续发展和增强长江三角洲竞争优势的角度出发，加快长江三角洲资源节约型国民经济体系的形成步伐，逐步使长江三角洲的经济

增长从主要依靠资源的投入转向资源效用的提高,扭转目前高耗能倾向日益明显的状况,逐步使全省的单位国内生产总值能耗不断降低,促进经济的持续健康发展,加快建立资源节约型社会的体制、机制和制度。

需要从长远战略着眼,从现实问题入手,坚持以人为本,树立全面、协调、可持续发展的科学发展观,统筹人与自然的和谐发展,在可持续发展战略政策和措施基础上,为减缓全球气候变化做出积极贡献。应本着对全球环境负责的精神,在保证长远社会经济发展的情况下,抓住全球气候变化这一新的发展机遇,加快实施促进可持续发展政策和措施的速度与力度。应加大经济结构调整力度,加快技术开发和引进的步伐,努力提高能源利用效率和优化能源结构,最大限度地降低二氧化碳的排放增长率。应依据地域分异规律加快退耕还林、还草速度,大力加强植树造林,进一步制止对森林的过度砍伐,充分发挥森林吸收二氧化碳的巨大潜力。

制定和实施应对全球气候变化问题的中长期战略,建立有助于减少温室气体排放和环境保护的生产、生活方式和消费模式。在可持续发展框架下应对气候变化区域战略的指导思想是:坚持以远促近,以保障经济发展为核心,以促进可持续发展为根本出发点,以提高能源效率和加强生态建设为突破口,坚持不懈地全面推进可持续发展战略,不断提高减缓与适应气候变化的能力,为实现第三步战略目标和保护全球气候奠定坚实的基础。应对气候变化国家战略的总体目标是:减缓温室气体净排放增长率取得显著成效,适应气候变化的能力不断增强,公众的气候变化意识显著提高,气候变化领域的科学研究水平达到国际先进水平(陈宜瑜 等,2005;高广生,2007;陈春根 等,2008)。

二、加快法制建设

中国政府从 20 世纪 80 年代以来就把节能作为一项基本国策,相应制定了节能法、节能法规、条例和标准、节能的技术和经济激励政策。

主动修改、补充和完善现有法规和标准中与资源节约、环境保护不适应的内容,以便达到同时兼顾经济增长和环保、资源利用的目的。

利用地方立法的优势,参考发达国家的标准,努力提高长江三角洲地区有关环境、资源地方性标准,特别是对环境保护和资源利用有重大影响的食品、纺织、机电行业的环保法规、标准,以构筑地方“绿色高地”。也要限制国际上不符合环保要求的产品进口,阻止国际上污染密集型产业和污染物的转移。

提高长江三角洲地区各种环境准入门槛。在项目审批上,对产业企业要有明确的强制性限制,实行污染物排放总量和排放浓度标准的双重控制,对排污达标参数要参照国际标准。要在已有的以控制和削减污染物排放总量的综合性排放标准的基础上,增加最低规模水平、总量控制、环境容量等前置性准入标准的数量和覆盖面,形成以控制性标准为主体,前置性标准为主导的环境准入标准体系。

严格执行各种资源、能源和环境标准。对于强制性国家标准,企业必须执行,企业采用的企业标准不允许低于强制性国家标准的要求。要以改善大气环境质量为目标,以容量总量控制为手段,以 SO_2 等大气污染治理为重点,按照污染物排放目标总量控制与容量总量控制相结合的原则,将主要大气污染物排放削减指标纳入总量控制计划。

三、实施积极的优惠扶持政策

要依照国家产业政策和行业发展规划,综合运用金融、财税、投资和价格等手段,引导长江三角洲地区产业发展。加快制定资源节约型社会的相关经济政策,如资源回收奖励政策、贴息、提供贷款、设立可回收保证金、征收新鲜材料费等,使得循环利用资源和保护环境有利可图。在汽车行业,2001 年 8 月,国家税务总局、环保总局等四部委联合发布通知,对达到欧洲Ⅱ号标准的小轿车、越野车和小客车减征 30% 的消费税。产业、投资、税收、科技、贸易等政策取向也要体现促进资源节约的原则和激励导向。例如要通过征收农业生产资料使用税的方式,控制农业生产中对于化肥、农药、饲料等生产资料的过度使用,从而逐步诱导农户节约农用化学品;对于含有再生材料的商品要给予税收政策上的优惠,并在政府集团购买中享受优先权;对于废弃物回收企业,继续给予税收优惠,以促进废弃物的资源化和产品的回收。企业在技术改造中使用国家鼓励发展的产品目录的设备时,将享受投资抵免所得税的优惠政策;技术开发和改造中,重点支持开发、研制、生产和使用列入鼓励目录的设备和产品。对符合条件的重点项目,优先给予贴息支持或补助。要继续支持符合产业政策、技术先进、产品市场前景好的企业,加快实施有利于产业升级和结构调整的重点项目建设。要通过征收农业生产资料使用税的方式,控制农业生产中对于化肥、农药、饲料等生产资料的过度使用。通过收取环境保险费,解决由于无过失污染事件引起的经济赔偿以及由于环境事故诉讼时期过长时的环境经济赔偿等问题(王金南 等,2007)。

四、依靠科技进步

尽快建立长江三角洲地区环保科技体系,组织对重大环境问题的科研攻关,加强环境保护关键技术和工艺设备的研究开发,加强环境保护新技术、新成果的推广应用。转变以消耗资源和粗放经营为特征的传统发展模式,走重效益、重质量、节约资源的内涵式发展道路。积极发展环保技术服务业,培育环保产业市场中介组织,努力推动环保产业规模化、集约化、高科技化发展。

要积极参与气候变化及其对生态与环境和人类健康影响领域的国际合作,为中国实现社会经济发展战略目标创造有利条件。加强双边和多边的国际合作研究,鼓励和支持中国科学家积极参与国际地圈—生物圈研究计划(IGBP)/世界气候研究计划(WCRP)、国际环境变化的人类因素计划(IHDP)、政府间气候变化专门委员会(IPCC)科学评估活动等国际全球变化研究计划,在各种国际科学研究计划或活动中发挥更大作用。继续争取发达国家根据气候公约和《京都议定书》的规定对发展中国家提供资金、技术方面的援助,帮助中国加强应对气候变化的能力建设,更好地应对气候变化的影响。

五、建立和完善长江三角洲地区环境综合决策评估和监督机制

保证环境综合决策的科学性,首先要开展环境影响评估和政策对环境影响的评估。环境影响评估就是从人类经济活动和经济政策与社会经济活动的相互作用出发,运用各种尺度对人类经济活动的适宜性、人类经济活动对于环境的影响、环境的承载力、环境对于人类活动的容纳力、环境资源的经济价值、自然灾害的潜在风险损失等诸多方面进行分析、评价和论证,从而为经济决策提供科学依据。目前,已经建立了建设项目环境影响评估制度,但是还缺乏对经济政策、发展规划的环境影响评估制度,要尽快建立相关制度,为把环境保护纳入区域发展规划和经济决策奠定基础。

除决策评估制度的建立外,还必须建立长江三角洲地区环境综合决策评估的监督机制。在综合决策过程中,评估制度除包括评价、报告制度以外,还应包括监督制度。应加强对环境决策实施过程的监督,避免实际实施过程偏离环境保护要求的现象发生。

六、调整能源结构

1991—2005 年,中国累计节约和少用能源约 8 亿 t 标准煤,相当于减少约 18 亿 t 的二氧化碳排放。到 2005 年底,中国的水电年发电量为 4010 亿 kW·h,占总发电量的 16.2%;2005 年中国可再生能源利用量已经达到 1.66 亿 t 标准煤(包括大水电),占能源消费总量的 7.5%左右,相当于减排 3.8 亿 t 二氧化碳。推行煤炭清洁利用,降低煤炭消费比重。调整煤炭的使用方向,除冶金、化工原料之外,煤炭应基本用于发电。逐步淘汰目前大量使用的效率不高的各类中小型锅炉及工业炉窑。

以清洁能源和高效能源替代污染型和低效型能源,开发利用水能、风能、太阳能、生物质能等新能源和可再生能源,替代高碳的化石能源,是实施温室气体减排的重要手段。推广清洁燃料替代石油。大量使用天然气替代煤炭、石油的主要品种,是调整长江三角洲能源结构的重要途径。通过"以气代油""以电代油""以生物燃料代油",从而抑制石油需求的急速增长。比较理想的结果是石油占能源消费总量的 15%左右。以"西气东输"和"西电东输"为契机,提高优质能源在能源消费总量中的比重,21 世纪大规模利用的优质能源主要是天然气、核能。从西部直接输入电力,今后要大量输入西部水电,要把"运煤变为输电"。

大力开发可再生的新能源是解决后续能源的关键途径。长江三角洲有丰富的风能、太阳能、生物质能、海洋能等,代表着能源产业的方向。沿海风力资源丰富,应积极开发风电,首先建成启东示范性风电场。太阳能热水器、太阳光伏电池已有相当的技术和产业基础,应加大科研投入,继续重点突破,争取发展成为新能源的龙头产业。

长江三角洲地区两省一市政府已把开发利用可再生能源作为可持续发展战略的一个重要组成部分,积极推其进程。例如浙江省的小水电、潮汐发电、风力发电和农村沼气等项目开发利用比较早,并取得卓有成效;上海的风力发电、垃圾发电以及太阳能建筑虽然还在起步阶段,但也取得显著成就;江苏省的太阳能热水器利用,秸秆多样化利用也取得新进展(顾锡新 等,2006)。

中国使用的能源中90％以上是化石燃料,而化石燃料的大量燃烧是使全球变暖和造成大气污染的主要因素。通过节约能源有效减轻大气污染和温室气体排放已被世界公认为减缓气候变化的重要措施。中国各行业节能潜力很大。工业部门的能源消耗变化对未来中国的能源总需求的变化起着支配性作用。目前建筑和交通用能逐渐成为能源需求增长的主要因素。因此,应优先在这些关键领域推广节能和提高能效技术。也可以通过能源税收、制定排放标准和技术标准等政策手段,促使产业界淘汰能源效率低、污染严重的工艺技术,转而采用能源效率高、污染物排放少、对环境友好的工艺技术。

工业部门特别是钢铁、化工、建材等高耗能工业部门,具有巨大的节能与温室气体减排潜力。钢铁部门优先的减排技术与措施包括:干熄焦技术、高炉炉顶煤气余压回收透平发电装置、氧气转炉煤气回收法等。化学工业主要的减排技术与措施有:改进合成氨生产装置、提高天然气制氨的比重、扩大烧碱隔膜法生产规模并进行改造、用离子膜法替代隔膜法生产烧碱、进行纯碱等化工产品生产技术的更新改造等。建材工业主要的减排技术与措施有:改造水泥生产的机立窑、湿法窑、立波尔窑、中空窑等;用新型熔化窑技术改造生产玻璃的浮法工艺和垂直引上工艺;用新兴陶瓷窑替代现有陶瓷窑;用新兴和大型石灰窑替代现有石灰窑等。

中国的大多数工业锅炉由于运行效率低于出厂效率,而产品设计效率又低于国际水平,因此有巨大的减排潜力。其主要的减排技术包括:燃料预处理、锅炉的合理运行、改造和完善锅炉的燃烧系统、采用高效清洁燃烧技术。

电动机是中国最主要的终端耗电设备。据估计,各类电动机的总装机容量超过400×10^9 W,耗电量约为600×10^9 kW·h,约占全国电力消费量的50％以上。其中,中小型电动机约占电动机耗电总量的80％左右。其主要减排技术包括:推广高效电动机、电动机调速运行、电动机节能维修。

此外,发电部门减排技术有:(1)提高火电厂的发电效率。用高参数大容量机组更新高耗能、高污染的中低压参数老机组;发展热电联产,提高能源利用效率;采用先进高效发电技术。(2)调整发电燃料结构,以天然气代替煤。(3)发展新能源与可再生能源发电技术。交通运输的主要减排技术是高效引擎和开发汽车代用能源。建筑节能技术主要包含围护结构节能技术和设备节能技术两方面。其中住宅围护结构节能技术是指通过采用墙体保温(外保温、内保温、自保温、夹芯保温等技术)、门窗节能(中空玻璃窗,low-e玻璃等)、屋面节能等措施减少住宅的使用能耗。

七、推进长江三角洲地区生态建设,充分发挥森林的生态功能

森林作为陆地生态系统碳吸收的主体,对减缓气候变化可以发挥重要作用。据估算,1980—2000年中国人工林累计净吸收约1.2×10^8 t碳。中国森林生物碳储量从20世纪80年代前的减少趋势转为增加趋势,年生物量碳积累速率从80年代的0.11×10^8 t碳,增大到20世纪90年代的0.3×10^8 t碳左右。森林对增加碳吸收、缓解全球气候变化的作用越来越大。2003年6月,中共中央发布了《中共中央国务院关于加快林业发展的决定》,确立了新时期林业发展的战略指导思想。林业发展的指导思想发生了从过去

的以木材生产为主向以生态建设为主的重大转变,这将通过大规模的造林绿化和重大林业生态工程的实施对减缓气候变化产生重要的影响。造林/再造林的主要措施包括退耕还林,自然林保护,建设防护林、环京津防沙林,建造速生林。

八、将节能减排作为长江三角洲地区优化和拉动经济发展的重要领域

由美国信贷引起的全球金融危机既暴露了金融自身的投机性与危险,也暴露了人类在消费意识引导下,掠夺全球自然资源所带来的危害。瑞士环境经济学家生态足迹的发明者之一 Mathis Wackernagel 认为,自然资源紧张,正是造成这场由美国信贷危机开场的全球金融危机的罪魁祸首:资源短缺会引起经济滞胀,日常生活用品价格高涨、长期投资减少。人类的消费需求增长过快,为了满足这些需求,一方面大量自然资源被破坏、利用;另一方面,通过金融手段快速造成短期的"价值",市场上泡沫横生,长期项目无人问津。他说,人类消耗自然资源的速度越来越快,目前的消耗速度比能源的可再生速度快 30%,也就是说,如果想保持消耗与再生的平衡,人类必须至少节约 30% 的消耗或消费。而 45 年前,人类的消耗只有自然再生产能源的一半。因此,金融危机更考量国际社会正确对待气候变化的国际难题。

在全球经济下滑的大背景下,维持经济增长必须重点依靠"三驾马车"中的投资和国内消费两驾马车。1998 年亚洲金融风暴期间中国的经验和目前国际学术界的观点都表明,将环境基础设施建设、新能源开发和能效提高等节能减排领域与低碳经济作为重点投资领域,既可以拉动经济增长,又可以优化经济增长方式。目前出现的金融危机,虽然给中国金融业乃至实体经济确实产生了巨大影响,但对国内调整结构也确实带来了机遇。不仅对中国调整经济结构带来了机遇,也给世界带来了转变发展方式、转变消费方式、转变生活方式、调整经济结构、产业结构一次非常好的机会,长江三角洲地区正好可以加大资源、环境、基础设施的建设,增加用于节能减排的投入,扩大内需,要在继续加强温室气体控制的基础上做到:①加大重点项目扶持力度。采取有力措施,在确保完成污染减排任务的前提下,腾出更多的环境容量支持经济效益好、产品附加值高、属于产业鼓励类的重点项目建设。②提高项目审批效率。完善建设项目会审制度,定期召开集中审查会议,及时批复符合条件的建设项目。对符合产业政策、无污染或轻污染的重大项目,开辟绿色通道,特事特办、随到随办。③规范行政执法行为。进一步提高依法行政水平,完善行政处罚的自由裁量标准和程序,防止滥用自由裁量权。对违法情节轻微并及时纠正,没有造成危害后果的,可以教育为主,不予行政处罚;同时查明原因,督促和帮助其做好整改工作,使其尽快恢复生产;对生产经营困难的,可按规定程序办理相关费用的缓缴手续。④加强企业服务工作。全面推行企业联络员制度,定期派员上门了解辖区重点企业的需求,做好跟踪服务。主动做好企业上市辅导期的指导工作,帮助其及时发现和整改问题。建立企业信用修复机制,对因违法等行为受到银行信贷制约后积极整改到位的企业,有关部门要及时向银行反馈信息,为其获得信贷支持创造条件。加大先进适用技术推广力度,及时发布实用技术导则,为企业提供技术培训(赵爱玲,2007;潘家华,2003)。

小结

气候变化的强度和影响程度是人类经济发展方式和水平的反映,更是人类经济发展方式的新标识。减缓气候变化对人类的影响,不仅是一项庞大复杂的系统工程,也是一项长期艰巨的历史重任,不是朝夕之举,也不可能一蹴而就。只能尽早起步,积极应对。今后一段时期,是长江三角洲地区发展低碳经济、调整经济结构的重大契机,在新的发展视野下争取主动权刻不容缓。利用现有优势和基础,在保护资源、防治污染等目标的基础上着力发展经济,不仅是转型发展、创新发展、绿色发展的客观要求,同时也将有力地推动生态文明和可持续发展的进程。

"十二五"时期是长江三角洲地区应对、适应和减缓气候变化的关键时期,国家已经将温室气体排放强度等相关指标作为国家"十二五"规划纲要中的约束性指标,目标日渐明朗。长江三角洲地区虽然在应对气候变化方面开展了一系列扎实有效的工作,但还未明确提出控制温室气体、削减排放总量指标、发展低碳经济的具体目标与工作举措。因此,需要在可持续发展的框架下,尽快制定符合实际的技术路线图,及早对接和呼应国家战略,抢占制高点。

以国家利益为最高准则,完善优惠政策,发展低碳经济,不仅要成为长江三角洲地方政府关注的事情,更要成为地方政府的责任。在保证经济平稳健康发展前提下,与现有的各种规划有效衔接,并研究制定有关专项规划,研究低碳经济发展的区域模式和产业模式,分步骤、分阶段、有节制地实施"碳减排",逐步实现经济增长与环境污染、碳排放增长相脱钩。短期内,做好节能减排,尽可能减少碳排放;中期,力争实现保持温室气体排放的增长速度小于经济增长速度;长期则是在保持经济增长的同时实现绝对排放量的减少。

参考文献

陈春根,史军,2008.长江三角洲地区人类活动与气候环境变化[J].干旱气象,**26**(1):28-34.

陈宜瑜,秦大河,李学勇,2005.中国气候与环境演变:气候与环境变化的影响与适应、减缓对策(上下卷)[M].科学出版社.

陈翌爽,周双,2006.清洁发展机制(CDM)与温室气体减排[J].中国水能及电气化,(8):9-10,17.

方陵生,2007.为二氧化碳排放算笔账[J].世界科学,(11):17-18.

高广生,2007.《中国应对气候变化国家方案》减缓内容简介[J].中国能源,**29**(8):5-8,16.

高海然,2008.我国清洁发展机制(CDM)项目实施现状和政策建议[J].中国能源,**30**(6):33-38.

顾锡新,田瑞雪,章树荣,2006.长三角清洁能源发展现状及其对策研究[J].能源技术,**27**(3):117-119.

胡初枝,黄贤金,钟太洋,等,2008.中国碳排放特征及其动态演进分析[J].中国人口·资源与环境,**18**(3):38-42.

潘家华,庄贵阳,陈迎,2003.减缓气候变化的经济分析[M].北京:气象出版社,54-55.

申红帅,王乃昂,邵彩梅,2007.清洁发展机制发展现状及问题分析[J].安徽农业科学,**35**(30):9654-9656,9659.

谭丹,黄贤金,胡初枝,2008.我国工业行业的产业升级与碳排放关系分析[J].四川环境,**27**(2):74-78,84.

王金南,邹首民,洪亚雄,2007.中国环境政策(第三卷)[M].北京:中国环境科学出版社,185-187.

张伟,2003.关注气候变化 实现可持续发展——"减缓气候变化:发展的机遇与挑战"国际研讨会综述[J].世界经济与政治,(1):72-74.

赵爱玲,2007.减排市场"掘金"[J].中国对外贸易,(10):60-63.

中国应对气候变化的政策与行动.人民日报.2008年10月30日,第15版.

庄贵阳,2007.气候变化背景下的中国低碳经济发展之路[J].绿叶.2007,(8):22-23.